CLIP STUDIO

灰階畫法&特效完全繪製指南

天領寺セナ／著

王怡山／譯

序言

各位有聽過「灰階畫法（Grisaille）」嗎？

所謂的灰階畫法，就是在一開始鋪底色的階段先用黑白色調畫好陰影，然後再疊上色彩的技法。

聽起來好像有點困難，但只要搞懂方法就很簡單了。

其實灰階畫法能夠在比較短的時間內完成有立體感與厚重感的「厚塗插畫」，是一種簡單的上色技法。

在本書中，我以CLIP STUDIO為主要工具，解說了用灰階畫法繪製插畫的基礎方法，以及各種應用的一系列技巧。

你也來學習灰階畫法，試著挑戰厚塗插畫吧！

天領寺セナ

CONTENTS

第1章 何謂灰階畫法

本章將以灰階畫法的
優點、缺點為首，
解說一般的上色技法
與灰階畫法的差異。

何謂灰階畫法

插畫有許多不同的上色方法，大致上可以區分為「動畫上色法」、「水彩上色法」、「厚塗上色法」這3種類別。

「灰階畫法」是經常使用在其中第3種「厚塗上色法」的技法。

厚塗是用數位軟體像油畫或壓克力畫般疊加色彩的上色方法，一般來說沒有線稿，因為具有立體感和厚重感，所以也被稱為寫實派。這是國外的幻想風插畫最常使用的上色方法。

使用灰階畫法的範例

描繪得很精緻的厚塗作品相較於動畫上色法和水彩上色法等上色方法，通常會花比較多的時間繪製。

灰階畫法可以說是能在比較短的時間內完成費時的「厚塗」作品的簡易技法。

這原本是繪製油畫底稿的技法，在繪製底稿的階段使用無色彩的灰階先畫好陰影，再用［色彩增值］或［覆蓋］等混合模式疊上彩色的圖層，為作品上色。

一般的上色方法和灰階畫法的差異

一般的上色方法會先繪製線稿，在新增於線稿下方的圖層塗上底色，然後疊上陰影的顏色，逐步完成作品。「灰階畫法」一開始會用黑白的灰階畫好陰影，然後再加上色彩。

換句話說，步驟與一般的上色方法是相反的。

● 一般的上色過程

❶ 線稿

❷ 塗上底色

❸ 繪製陰影

● 使用灰階畫法

❶ 線稿

❷ 繪製陰影

❸ 上色

灰階畫法的大致流程

●底稿的繪製過程

❶ 用灰色畫出大概的輪廓。

❷ 單用陰影的顏色畫上細節。

❸ 注意光源的位置，用較亮的顏色疊加在受光的地方，營造立體感。

❹ 完成細節和陰影。

● 上色過程

❶ 使用混合模式疊上底色，開始上色。

❷ 根據色彩的呈現，搭配［色彩增值］、［濾色］、［覆蓋］等混合模式，加上各種色彩。

❸ 加上特效。

❹ 使用調整圖層來消除灰階畫法特有的黯淡色調。

4 灰階畫法的優點

容易製造立體感

因為是使用灰階繪製陰影，所以比較容易製造出立體感。

不需要清理線稿

因為是用不斷重疊的方式完成底稿，所以不需要清理線稿。

繪畫的過程中可以隨時覆蓋修改，即興發揮也沒問題。

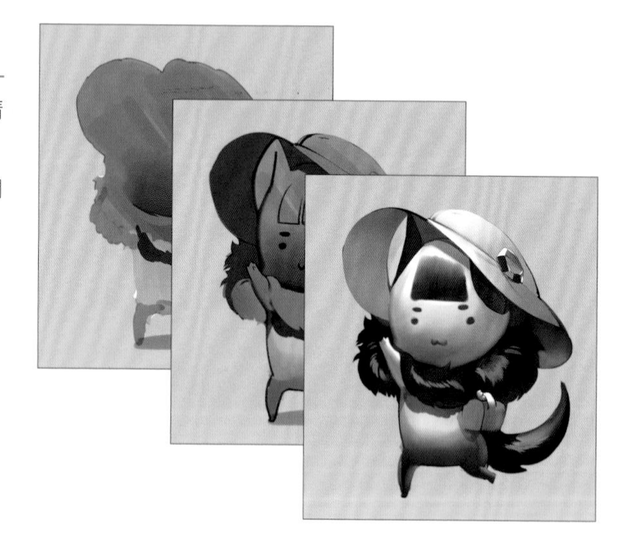

不必思考要用什麼顏色畫陰影

只要黑白底稿的陰影畫得適當，光是在上方的圖層疊上單一色彩，就會自動產生陰影的顏色。

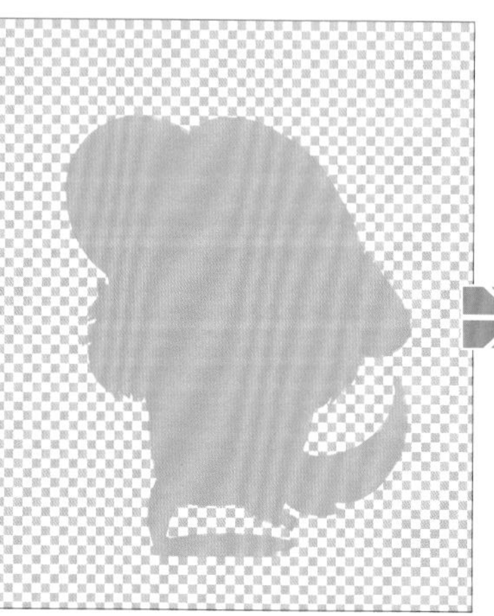

由於上色過程單純可以減少圖層的數量

因為不需要陰影色專用的圖層，光是如此就可以大幅減少圖層的數量。

使用的色彩數量愈多，圖層數量的差異也會愈大。

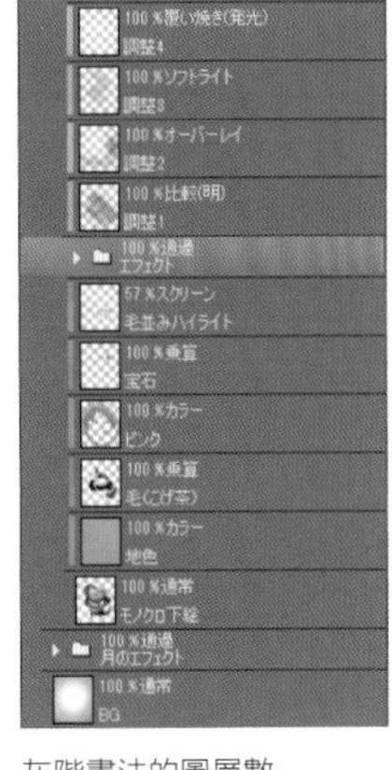

灰階畫法的圖層數

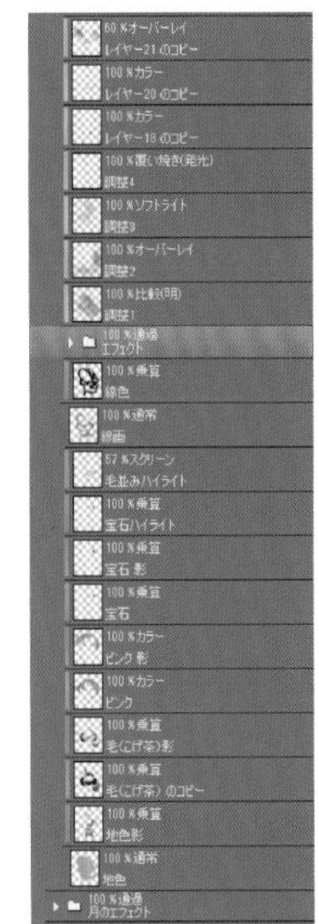

一般上色方法的圖層數

容易製作不同的版本

若是使用一般的上色方法，想要改變特定部位的色彩就必須修改包括陰影色在內的所有特定圖層；但若是使用灰階畫法，只要更改上方一個圖層的色彩即可。

更改色彩的範例

更改色彩&調整色調的範例

5 灰階畫法的缺點

底稿的繪製較花時間

雖然上色比較輕鬆，但用灰階繪製底稿的時間也相對較長。

想要畫出適當的陰影，就必須要有一定的素描能力，能夠用明暗呈現出形狀。

不適合簡易的插畫和清透的畫風

如果是色彩數量少，像動畫上色法一樣沒有什麼陰影的插畫類型，與其勉強用灰階畫法來描繪，用一般的方法上色還比較簡單。

色彩容易變得黯淡

因為只用明度的差異來繪製陰影，所以陰影的色彩不會有色溫的變化。因此，肌膚等處的陰影色一定會產生灰階畫法特有的黯淡色調。

想要消除這種黯淡的色調，必須要加上調整圖層，提高彩度。

新增提高彩度用的圖層，消除黯淡的色調。

第2章 黑白底稿的畫法

●●●●●

從繪製灰階的黑白底稿
所需的設定開始，
本章將介紹繪製正確陰影
應有的基礎知識。

針對黑白底稿的需求，設定CLIP STUDIO

顏色面板的設定：HSV滑桿

灰階畫法的基礎「黑白底稿」必須用沒有彩度的灰階色調來描繪。

Photoshop中有灰階模式，但CLIP STUDIO並沒有。

因此，我們要點擊右圖的「面板切換圖示」，把顏色面板從RGB模式切換到HSV模式。

※所謂的HSV就是指色彩的三要素：色相（Hue）、彩度（Saturation）、明度（Value）。

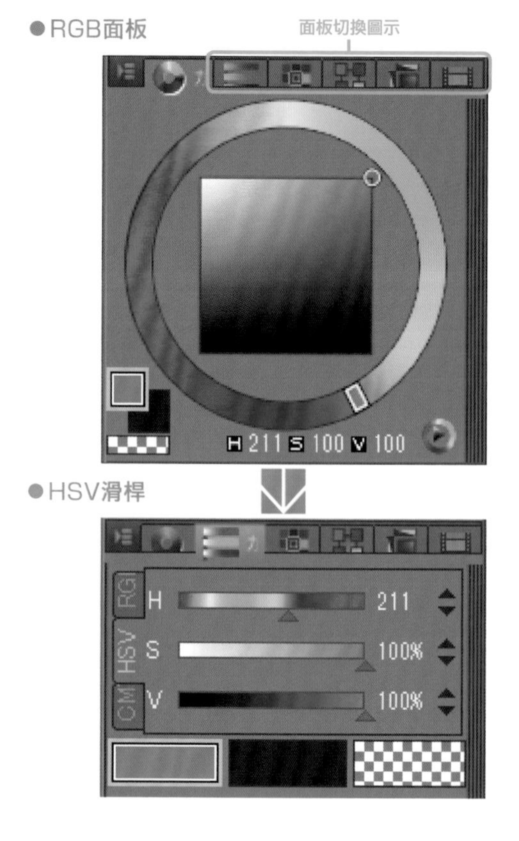

將H（色相）和S（彩度）的滑桿數值都設定為0，往後都不需要更動這兩個項目，只需要左右操作V（明度）的滑桿。各位會發現，色彩的灰階會隨著滑桿的位置而改變。

這麼一來，就可以只用灰階來畫出黑白的底稿了。

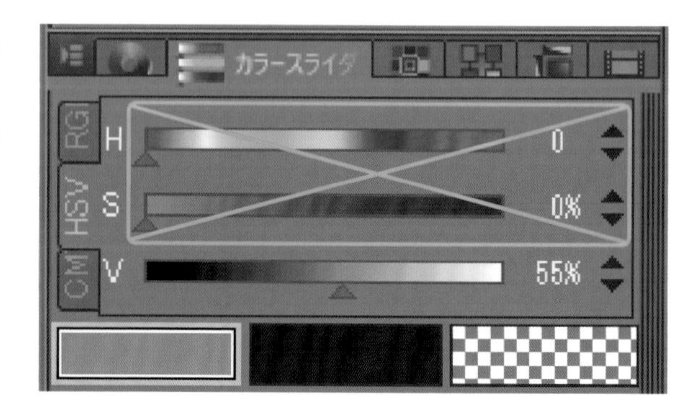

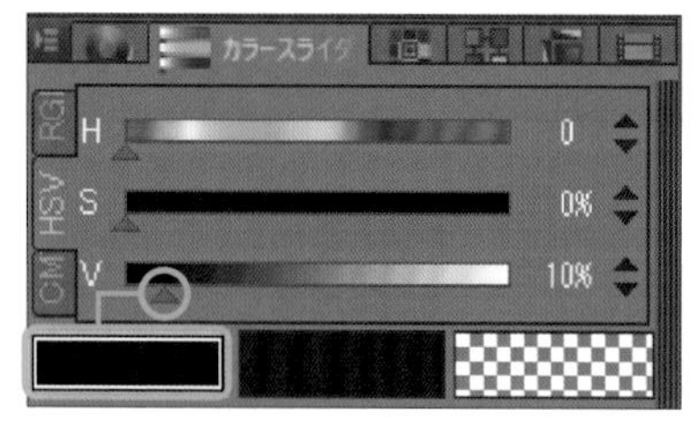

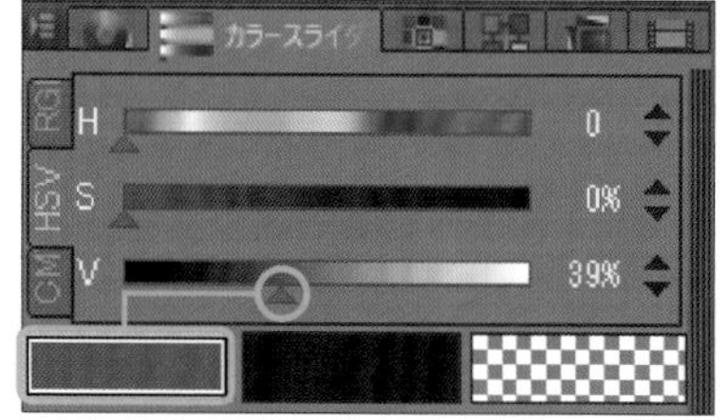

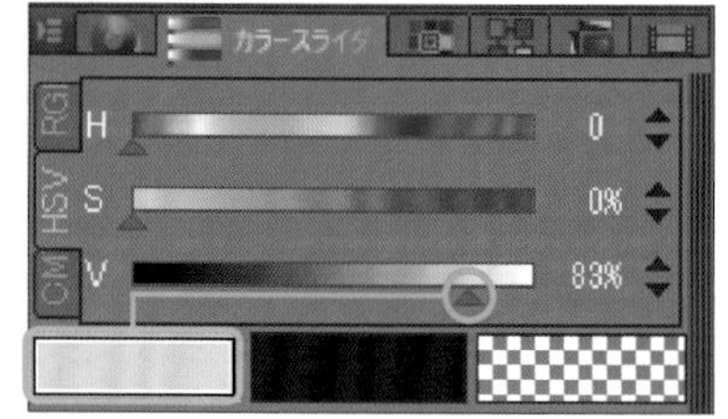

2 筆刷設定

由於我長年使用SAI，所以繪製線稿和黑白底稿的時候是使用SAI，而不是CLIP STUDIO。

理由並不是用CLIP STUDIO不能畫或不好畫，單純是我個人的「習慣」問題，因此各位可以放心使用CLIP STUDIO來描繪。

我在SAI之中使用的筆刷只有右邊列舉的［鉛筆］、［噴槍］、［馬克筆］、［水彩筆］、［筆］這5種。

設定幾乎都維持預設狀態，所以和使用CLIP STUDIO來描繪幾乎沒有什麼不同。

關於筆刷尺寸和筆刷濃度等設定，我幾乎都不是從選單圖示中點選，而是透過筆壓的大小來邊畫邊調整。

透過筆壓來控制筆刷可以避免在繪畫時思緒中斷，所以我建議各位可以學會這種做法。

●鉛筆

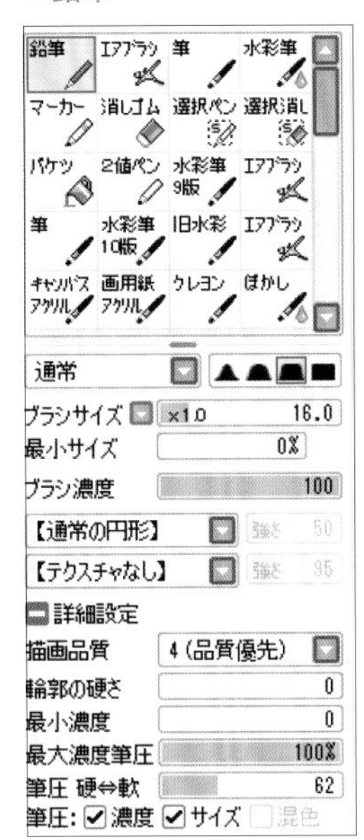

●噴槍

●馬克筆

●水彩筆

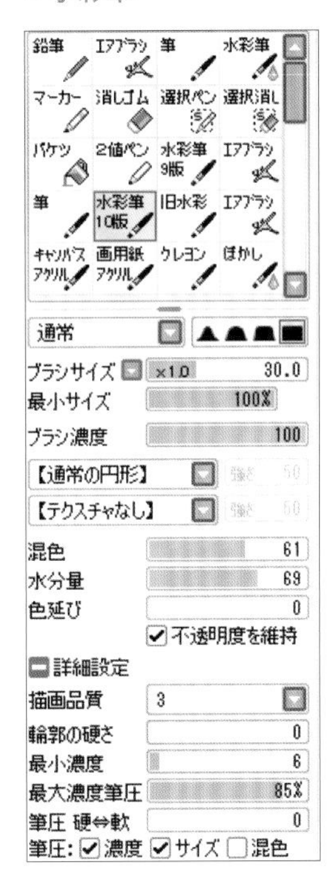

●筆

點選［檔案］>［調節筆壓檢測等級］後顯示的［自動調整筆壓］視窗可以進行筆壓檢測等級的調整。

第2章 黑白底稿的畫法

3 橡皮擦

使用透明色代替橡皮擦

我基本上不會使用［橡皮擦］，而是用透明色來代替橡皮擦的功能。

使用透明色來代替橡皮擦的話，橡皮擦的筆刷尺寸和濃度等，幾乎所有的橡皮擦設定都可以和筆刷一樣，透過筆壓的大小來調整。

藉由筆壓來控制筆觸就不會被點選圖示的動作打斷思緒，可以讓繪畫過程更直覺。

在CLIP STUDIO，切換主顏色和透明色的預設快捷鍵是［C］鍵。

另外，切換主顏色和輔助顏色的預設快捷鍵是［X］鍵。

以上兩者都是繪製黑白底稿時常用的快捷鍵，記起來可以提高作畫效率。

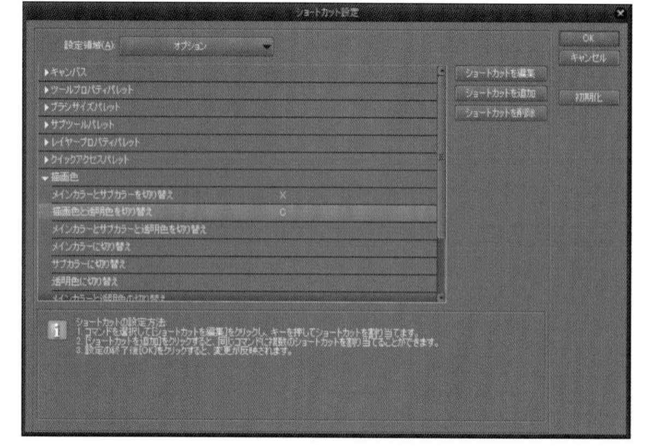

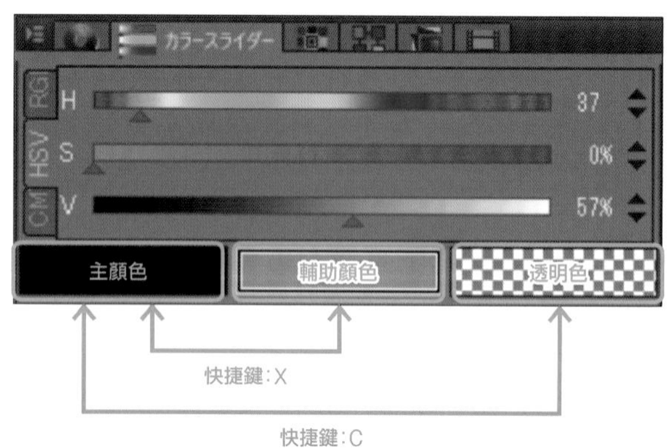

快速存取面板的設定

快速存取面板

快速存取面板是CLIP STUDIO於Ver.1.7.1更新的功能，使用者可以將經常使用的工具統一登記在這裡，編排出屬於自己的面板。

從［視窗］選單→點選［快速存取］就可以顯示［快速存取］面板。在預設的狀態下就已經有組1的設定。

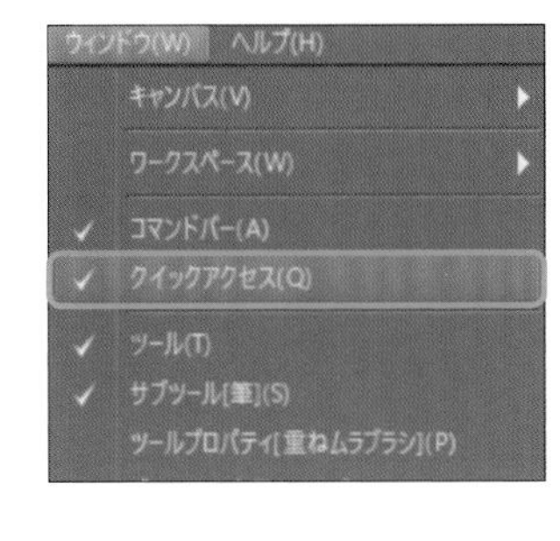

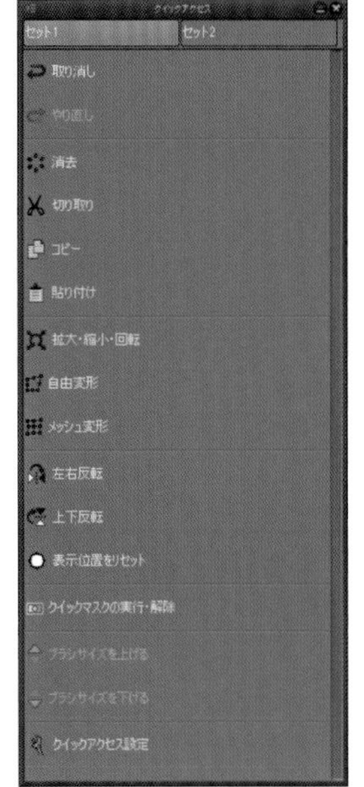

軟體內已經預設好的組1

快速存取面板可以登記多組，能夠根據底稿用、上色用、完稿用等用途分別設定。

只要把想登記的工具拖曳並放到快速存取面板就可以完成設定。

不只是工具，動作等項目也同樣可以拖曳並放到快速存取面板裡。

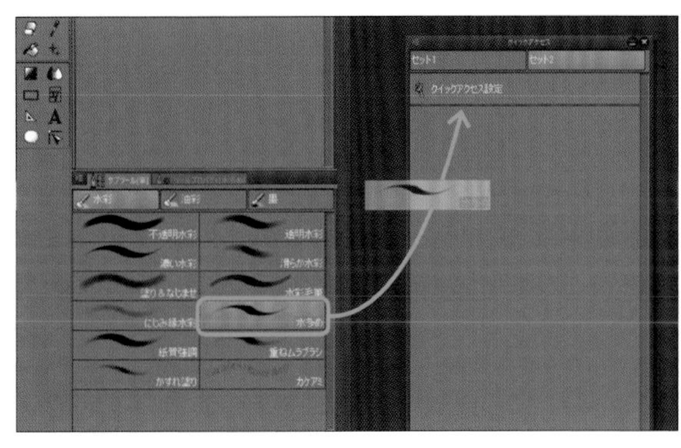

拖曳並放進快速存取面板就可以完成登記。

快速存取面板有許多種顯示方法，輔助工具也可以設定使用者專屬的圖示，是自由度相當高的設計。

以下是我平常上色時使用的自創面板和各種工具的屬性。

我的所有上色過程幾乎都只用到這個快速存取面板裡的工具。

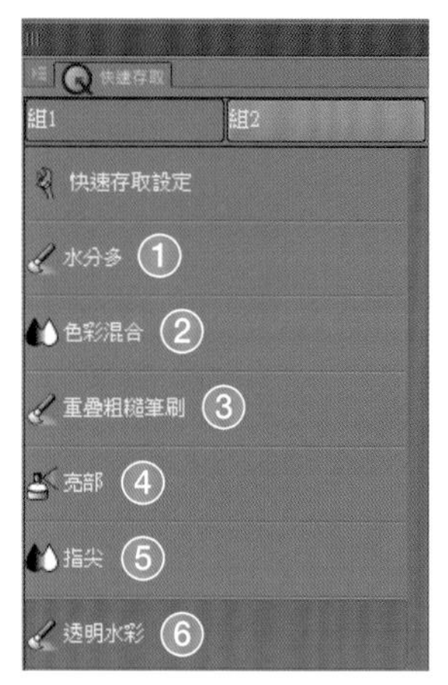

①

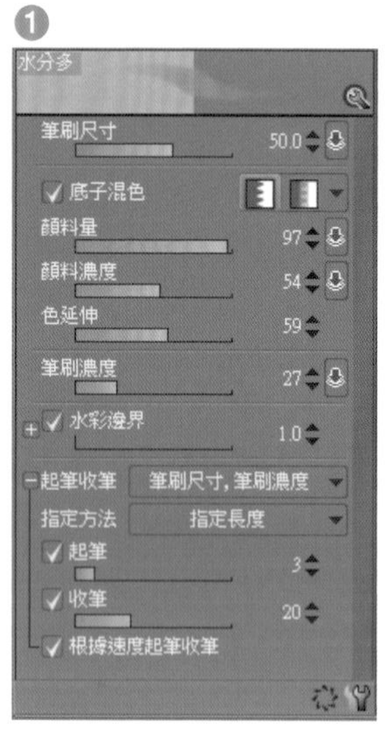

②

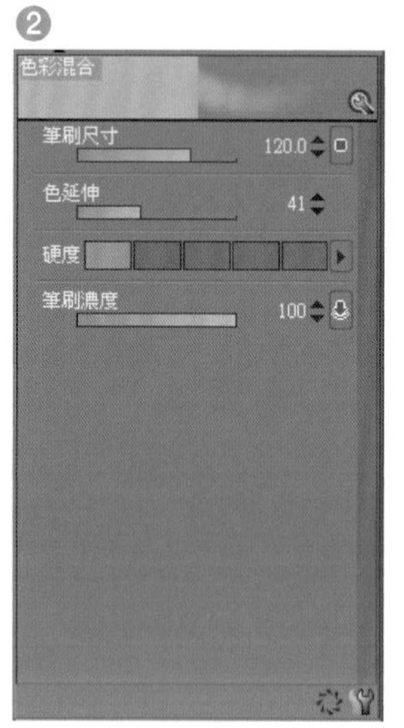

③

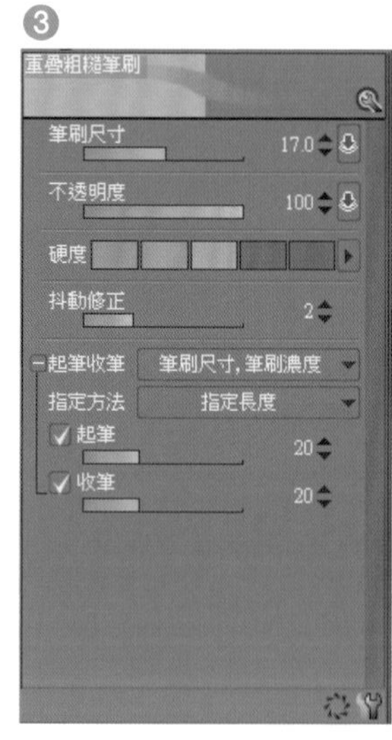

④

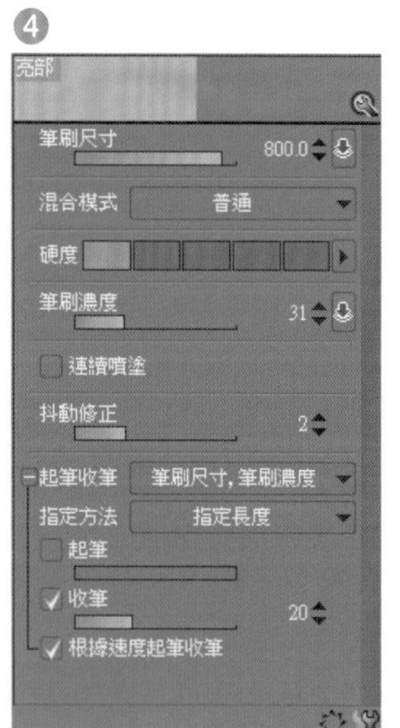

⑤

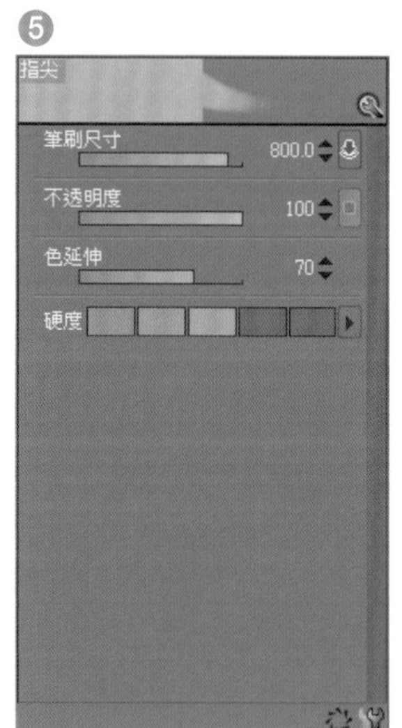

⑥

5 陰影的畫法

陰影的基礎概念

物體所產生的陰影，是由掠過物體輪廓後照射到地面上的光線所形成的。

只要有光源的位置和延伸到地上的輔助線，就可以得出物體所產生的陰影形狀。

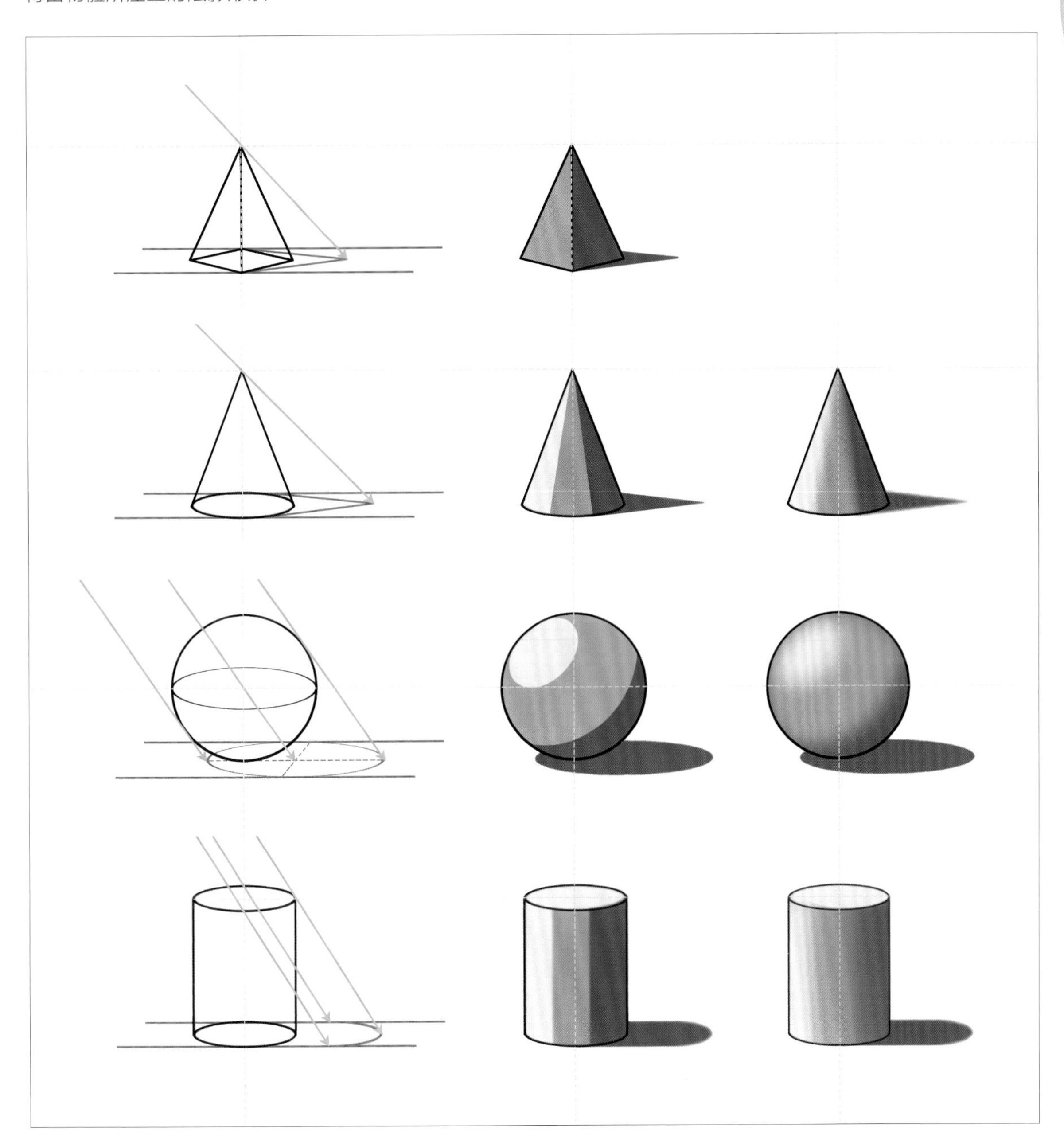

反射光

上一頁的陰影畫法有個不自然的地方。

那就是每一個物體都沒有任何的反射光。

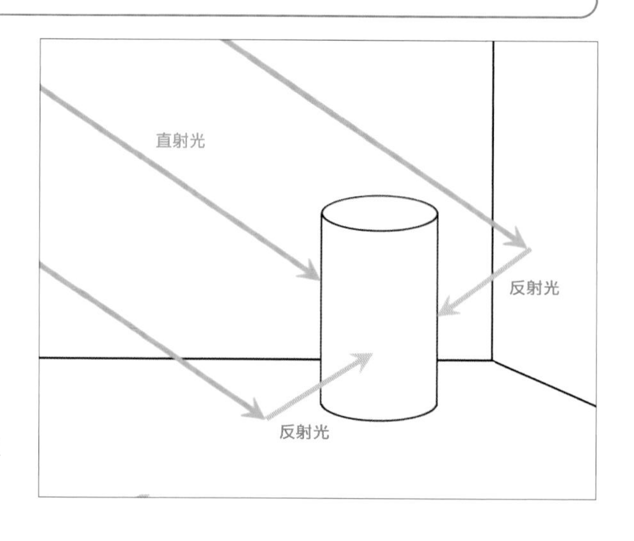

光可以分類為直射光和反射光這兩種。

● 直射光：直接從光源照射到物體的光

● 反射光：照射到地面或牆壁後反射的光

因為反射光是反射時擴散的光線，所以當然會比直射光更弱且更暗。

● 考慮到反射光所繪製的陰影

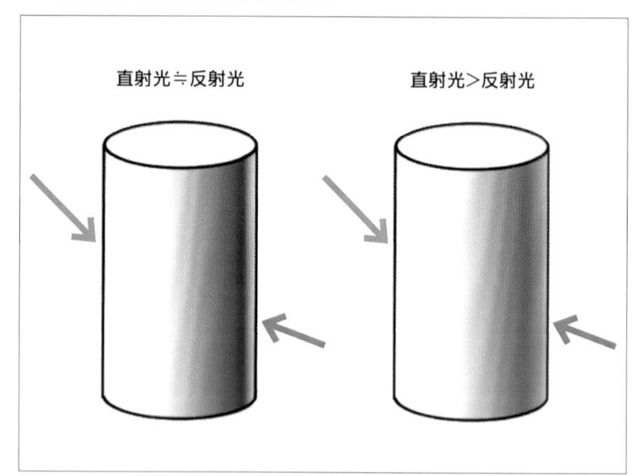

圖中左邊的圓柱乍看之下沒有什麼問題，但承受反射光的面卻和承受直射光的部分一樣亮。這不是來自於反射光，而是有其他光源照射到物體時的繪畫方式。

右邊的圓柱反射光比承受直射光的面更暗，明暗的平衡較為適當。

右圖是將直射光和反射光呈現在角色上時所繪製的陰影。

在繪製各部位的陰影時注意這兩種光線就可以大幅提升角色的存在感。

請各位活用光線，試著畫出具有立體感的插畫吧！

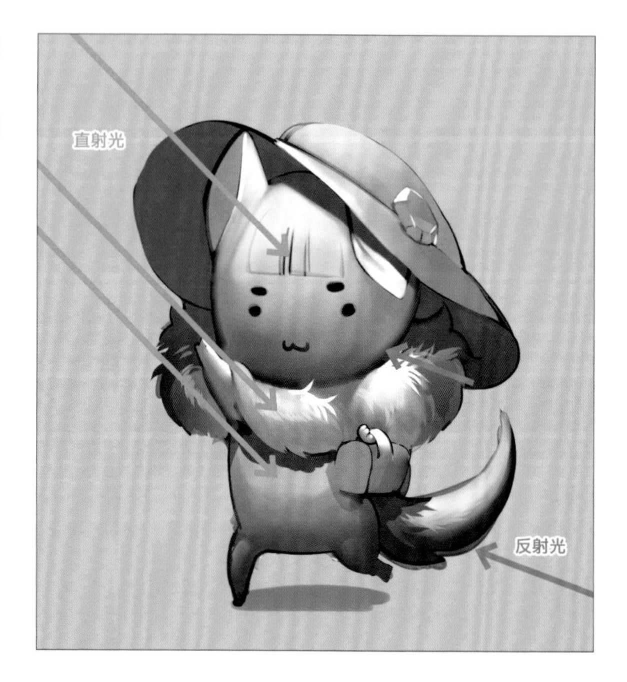

6 加上陰影or打上亮光

一般的上色過程通常是先塗上明亮的顏色當底色，然後再加上陰影的顏色。

這是以水彩畫的畫法為基礎，從淡色開始畫到深色的上色方法。

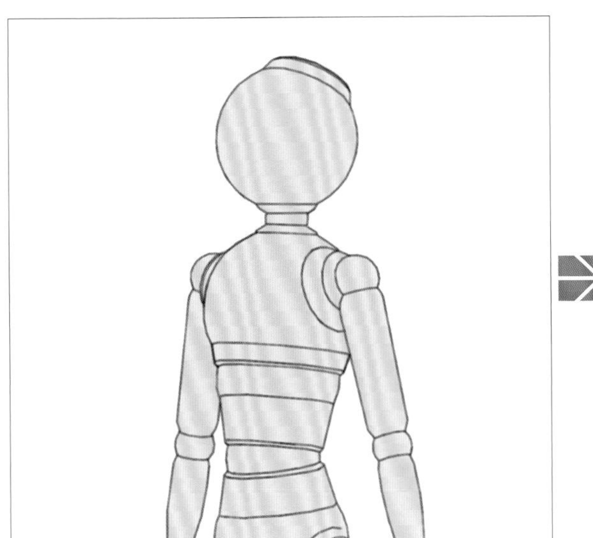

一般的方法是先塗上明亮的底色……

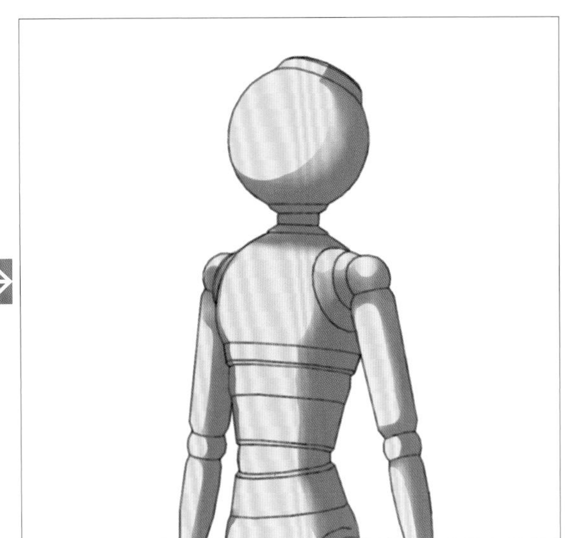

再加上陰影的顏色。

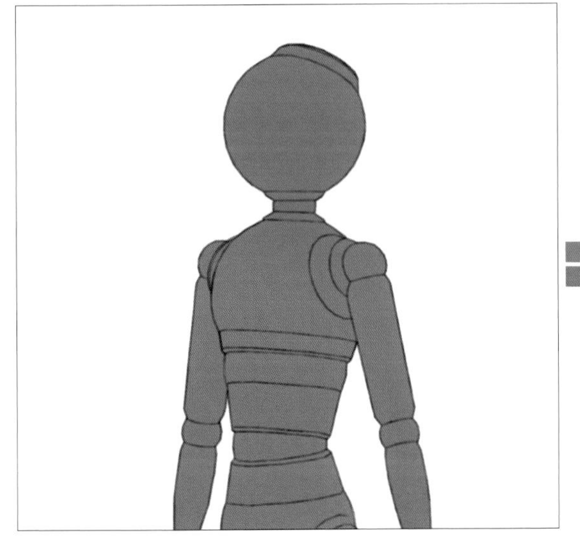

先用陰影的顏色塗滿整個範圍……

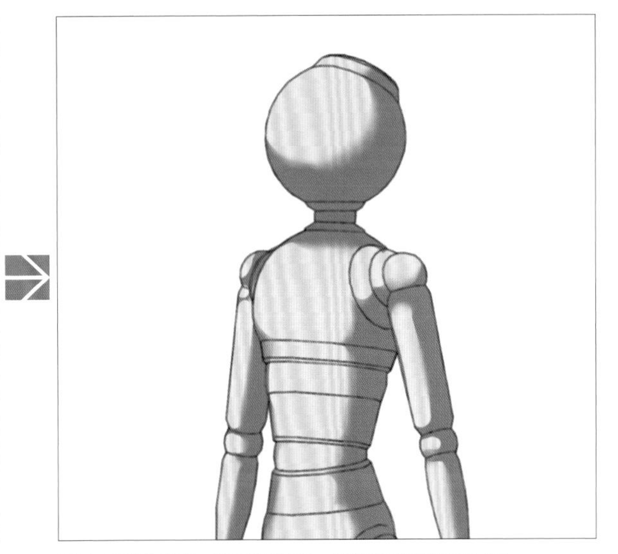

再考慮受光的程度，像是擦除陰影一樣讓明亮的部分浮現出來。

另一方面，灰階畫法是以油畫為基礎，因此繪製黑白底稿的時候會和一般的方法相反，先用陰影的色彩把整個範圍塗滿，再考慮受光的程度疊上亮光，這麼做比較好掌握立體感，也容易營造出厚塗特有的厚重筆觸。

藉由陰影與亮部表現質感

即使是黑白插畫，也可以藉由亮部和陰影的濃度、畫法來表現質感。

以下準備了幾種範本作為參考，請試著研究不同材質之間的差異。

●硬質塑膠

亮部愈小、愈清晰，看起來的質感就愈硬。

●硬質塑膠2

藉著亮部和倒影的呈現，可以營造出類似樹脂的質感。

●塗裝過的金屬、鋼、鉻

要表現出金屬逼真的質感，就要加上具有沉重感的深色陰影。

●珍珠、橡膠樹脂、軟質塑膠

把亮部畫得柔和就會變成霧面的質感，可以表現出橡膠等有彈性的材質。

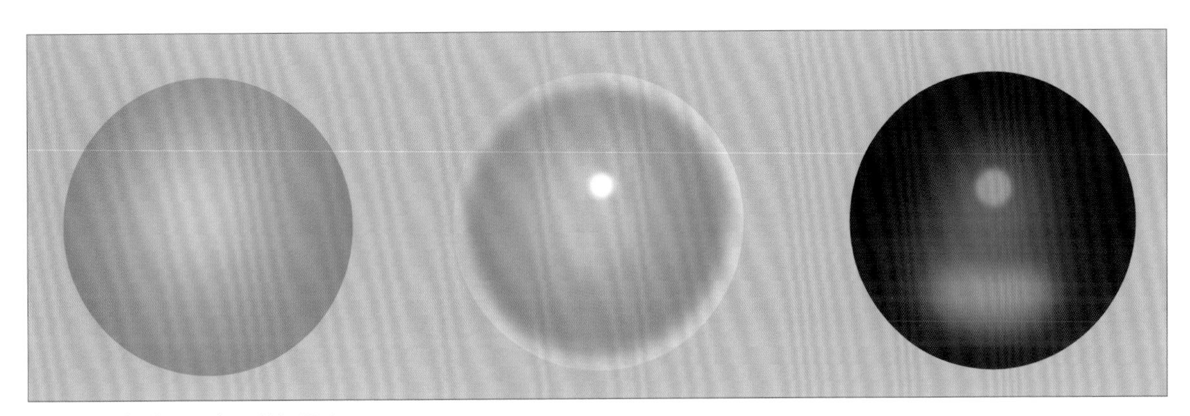

●黏土、半透明果凍、彩色果凍

不同的亮部畫法可以表現出透明感。

●半透明、半透明樹脂、鍍鉻

輪廓較亮就會給人朦朧的印象。

8 掌握正確陰影的訓練方法

把風景照轉換成黑白圖片

從［色調補償］>［色相・彩度・明度］將彩度值設為－100，就可以把彩色圖片改成黑白圖片。

觀察風景照等圖片變成黑白後的光線和陰影呈現，會比較容易掌握描繪陰影的適當程度。

比起本來就是黑白的照片，修改彩色照片才能比較加工前後的差別，幫助我們加深理解。

●修改成黑白圖片前後的風景照

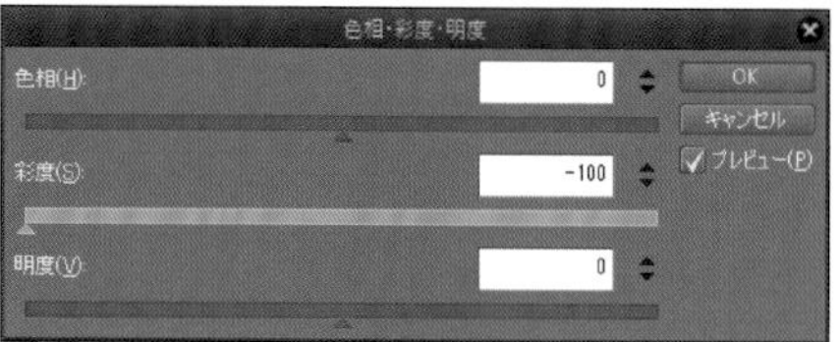

試著把過去創作的插畫改成黑白圖片

如果各位有自己以前創作的彩色插畫，可以試著把它改成黑白圖片。

因為是自己畫的插畫，當然是用自己偏好的色調畫成的，所以應該會是理想的陰影範本。

另外，如果重新用混合模式替這時候完成的黑白素材疊上色彩，嘗試恢復成原本的色調，就可以更了解灰階畫法的陰影對上色有什麼樣的影響。

●把自己創作的彩色插畫改成黑白圖片

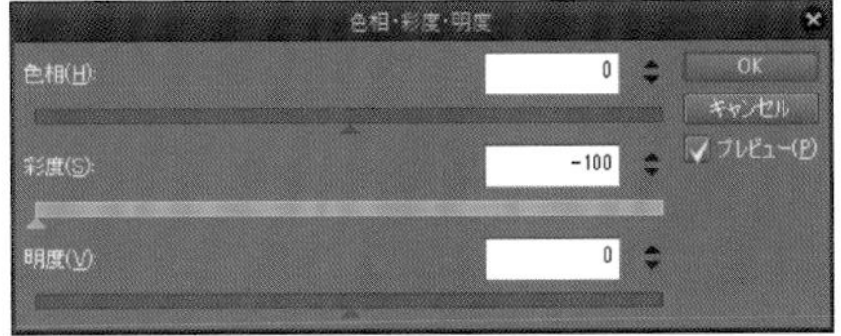

●把黑白的自創插畫加以復原

9 空氣遠近法與色彩遠近法

說到遠近感，大家都會想到一點透視法等線稿的透視繪圖法，但其實顏色的深淺也可以表現遠近感。

這個方法就稱為空氣遠近法。

空氣遠近法可以應用在灰階畫法的黑白底稿上，請務必在描繪背景的時候實際使用看看。

近處的景物輪廓較清晰、色彩鮮明；景物愈遠，就會漸漸變得模糊且帶有淡淡的藍色調。

這就是空氣遠近法。

因為空氣遠近法可以表現出空氣感，所以主要是在繪製戶外風景時發揮效果。

右圖是將上方風景照的彩度調低，修改成灰階影像，並且調高對比度的結果。從圖中可以看得出來，遠近感變得更強了。

人類的眼睛會覺得紅色或黃色等暖色系是比較靠近自己的。與之相反，藍色等冷色系看起來則像是位在遠處。

應用這個法則，在上色時用帶藍的冷色系描繪遠處景物，用暖色系描繪近處景物，會比較容易表現出空間的深度。

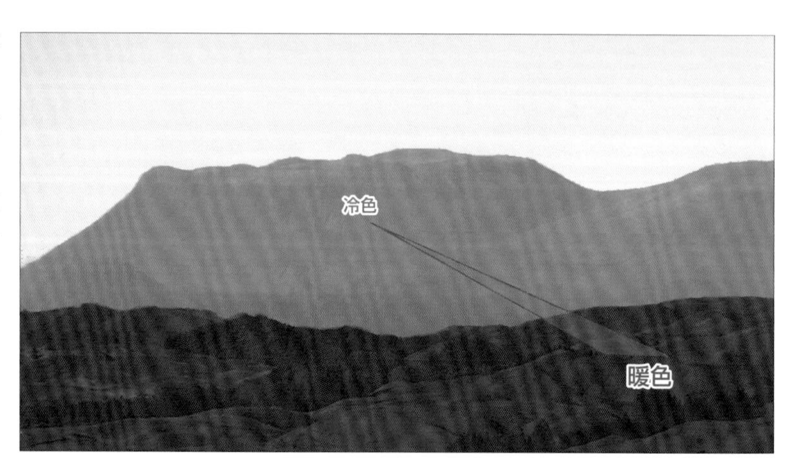

第3章 混合模式

灰階畫法會使用混合模式
來進行上色的步驟。
本章將解說CLIP STUDIO之中
共28種混合模式的效果。

何謂混合模式

混合模式就是以各種不同的效果讓上方圖層混合到下方圖層的功能。只要先掌握混合模式的效果，上色的速度和品質就會大幅提升。

灰階畫法會將混合模式圖層疊在黑白底稿上，藉此進行上色。

CLIP STUDIO具備了從［普通］到［輝度］共28種的混合模式。

本章將一一解說每一種混合模式的效果。

上色的時候要先掌握每種模式的效果，再根據想呈現的效果來選擇適合的混合模式。

●共28種的［混合模式］

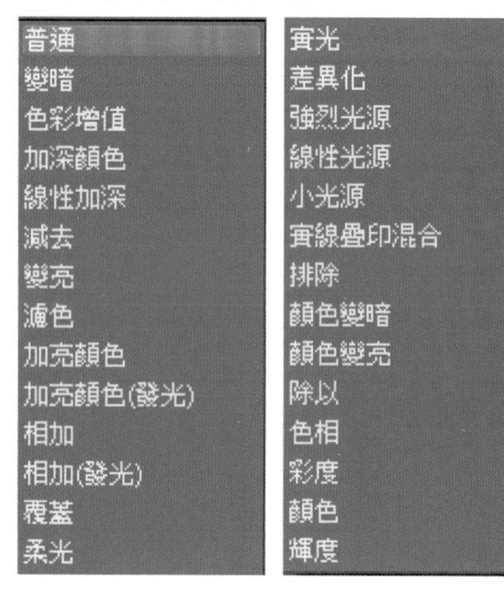

圖層的混合模式在初期狀態會預設為［普通］。

將［不透明度］設定為100%所畫出的東西不會透出下方圖層的圖像。

只要一改變混合模式，就可以變更給予下方圖層的效果。

［混合模式］

這邊將下方的圖層稱為基本色，將上方的圖層稱為混合色，將混合後產生的顏色稱為結果色。

如果屬於基本色的圖層是透明的，［普通］以外的混合模式就不會反映出結果。

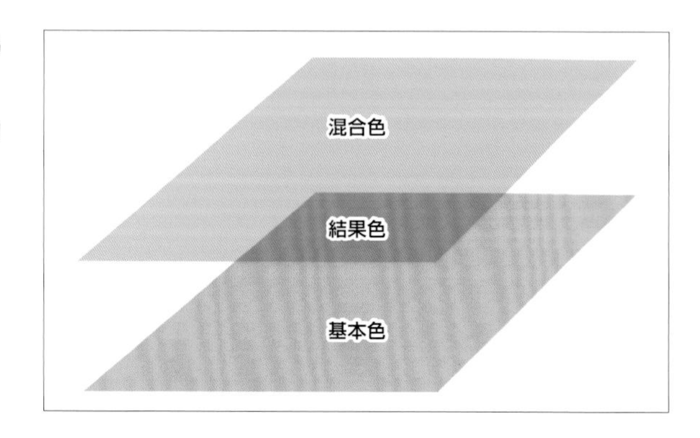

普通

預設的混合模式。
位於下方的基本色圖層，和設定中圖層的顏色會以直接重疊的方式顯示。

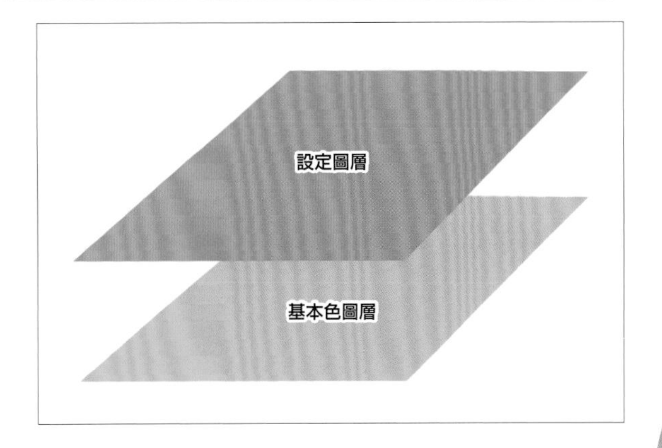

變暗

[變暗] 會比較基本色和設定圖層，採用比較暗的顏色進行混合。比較基準會以RGB的數值來決定。

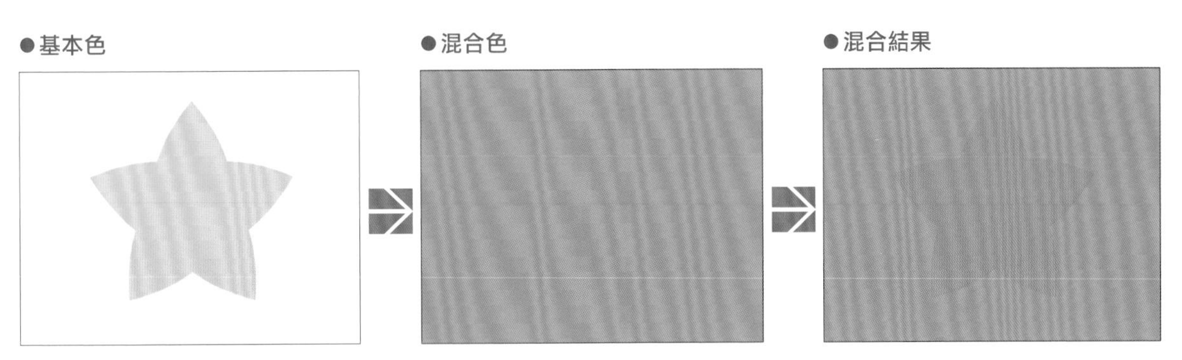

⬆這是使用 [變暗] 模式來混合的結果。為了更容易辨識，我使用了單色。疊上混合色之後，星星的顏色變得比基本色更偏綠了。

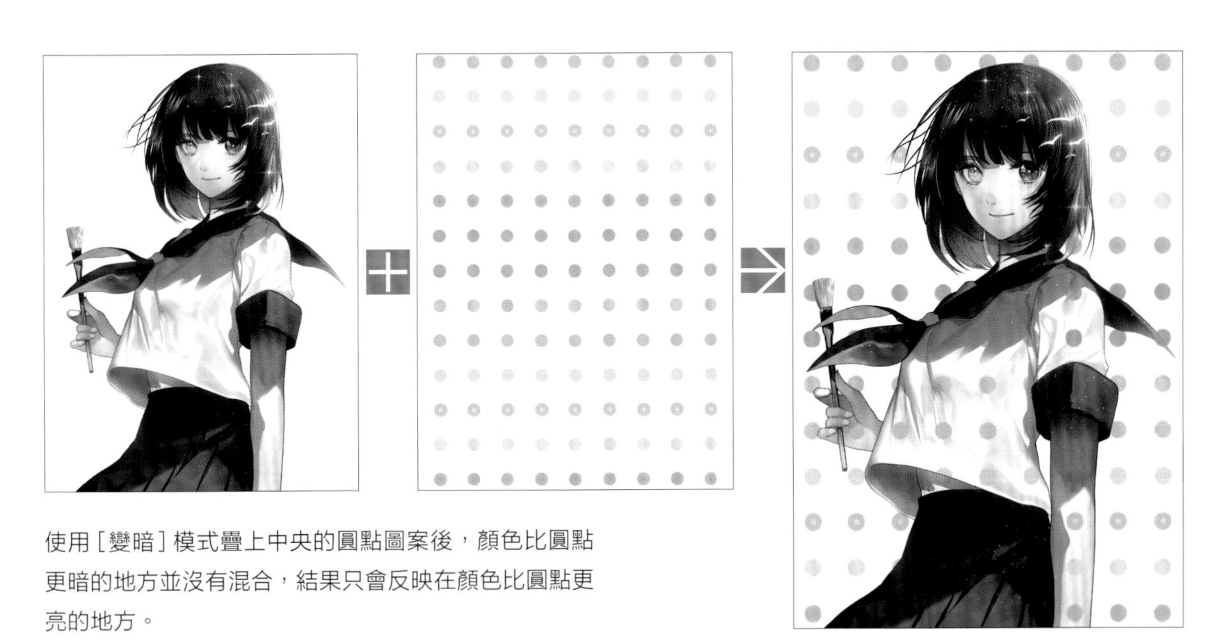

使用 [變暗] 模式疊上中央的圓點圖案後，顏色比圓點更暗的地方並沒有混合，結果只會反映在顏色比圓點更亮的地方。

第3章 混合模式

色彩增值

［色彩增值］正如其名，會顯示基本色和混合色相乘之後增值的顏色。它的結果色很容易預料，是很實用的效果之一。

●結果色會變成比較暗的顏色
●任何顏色加上黑色的［色彩增值］都會變成黑色
●加上白色的［色彩增值］也不會有效果
（※會變成透明色，不會反映出效果）

加深顏色

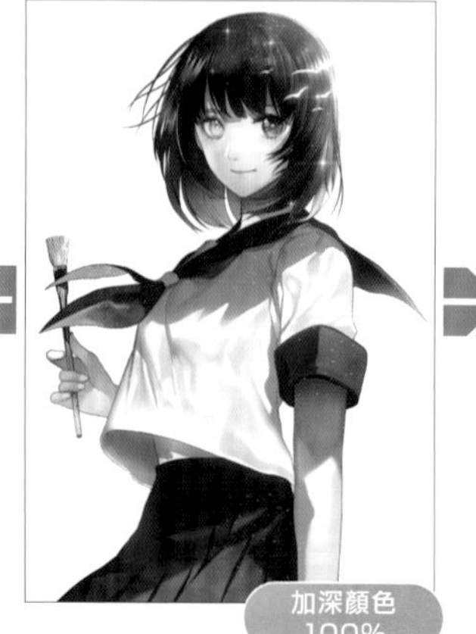

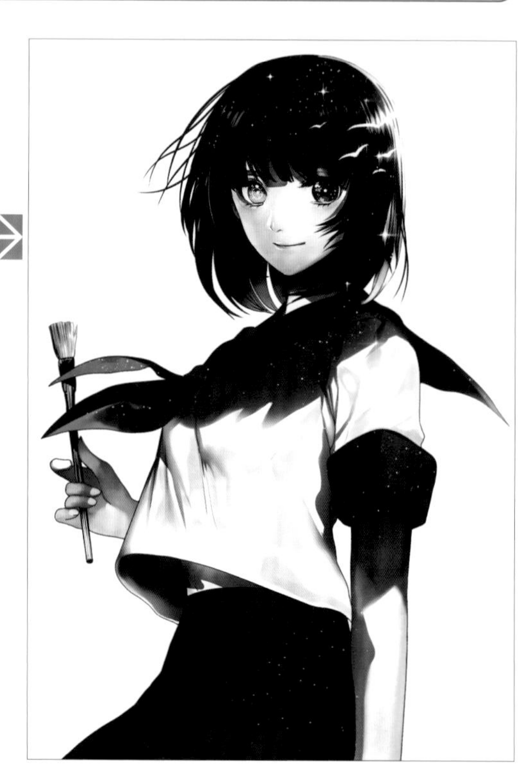

［加深顏色］可以獲得銀鹽攝影「拉長曝光時間」般的效果。
它會讓基本色圖層變暗，加強混合色的對比。暗部會變得更暗，但白色的地方不會有變化。
使用［色調補償］>［色階］也可以得到同等的效果。

線性加深

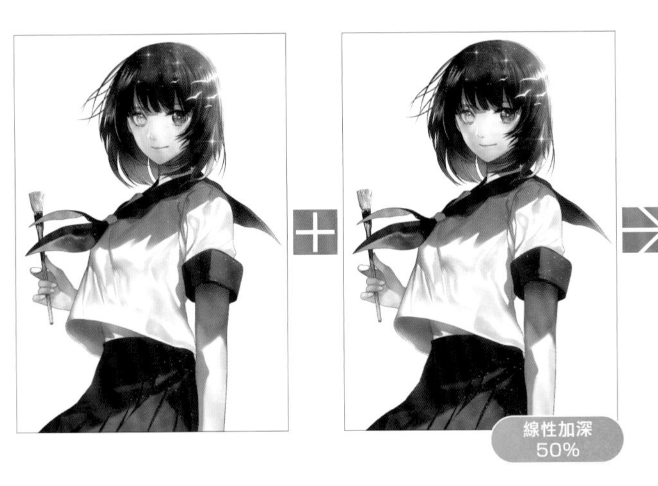

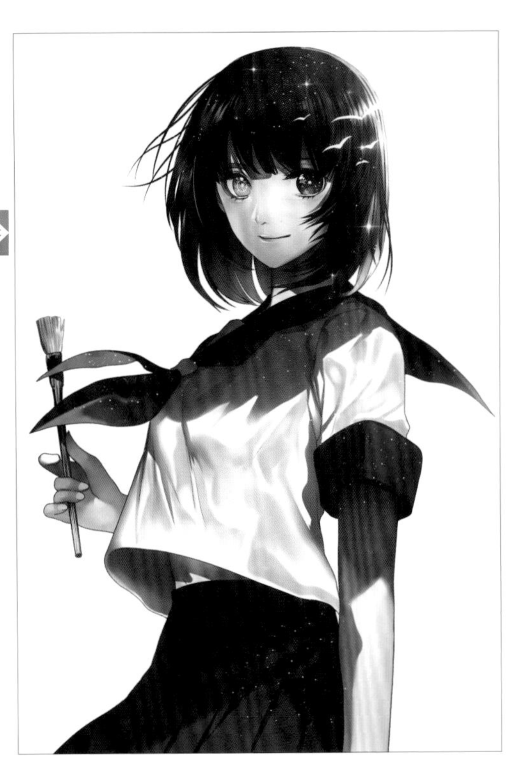

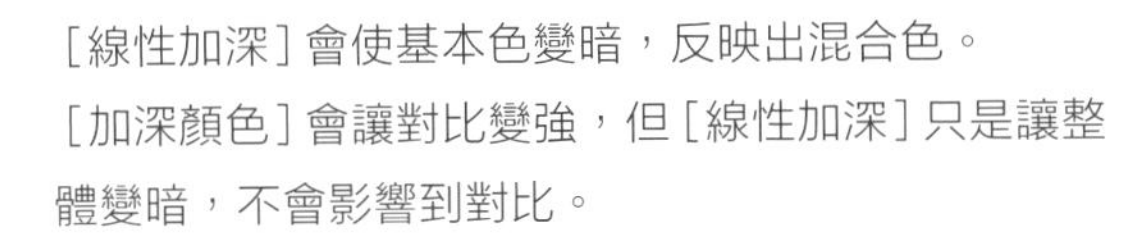

[線性加深]會使基本色變暗，反映出混合色。
[加深顏色]會讓對比變強，但[線性加深]只是讓整體變暗，不會影響到對比。

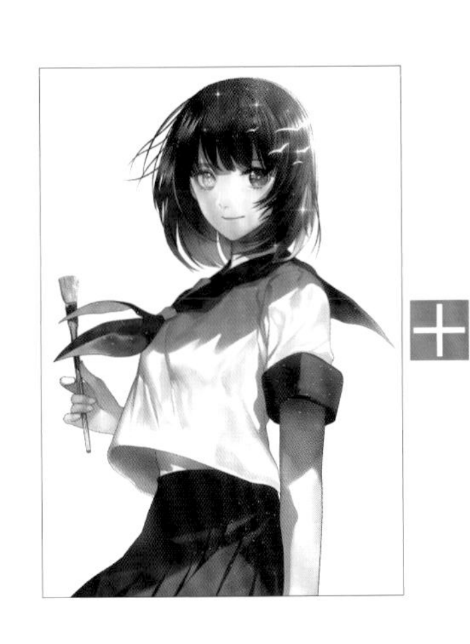

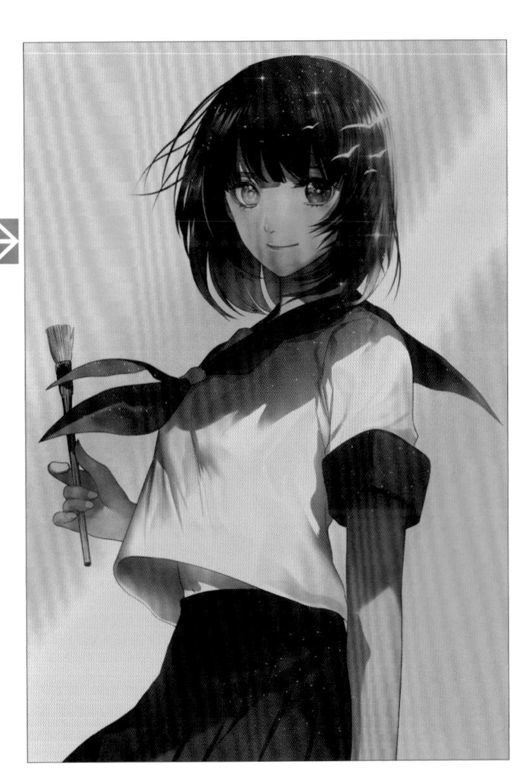

減去

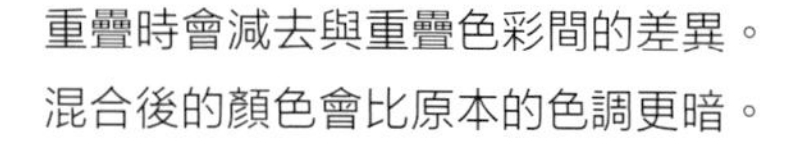

重疊時會減去與重疊色彩間的差異。
混合後的顏色會比原本的色調更暗。

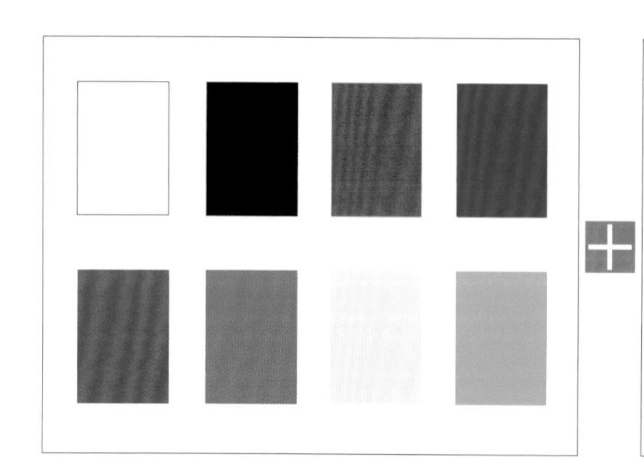

減去100%

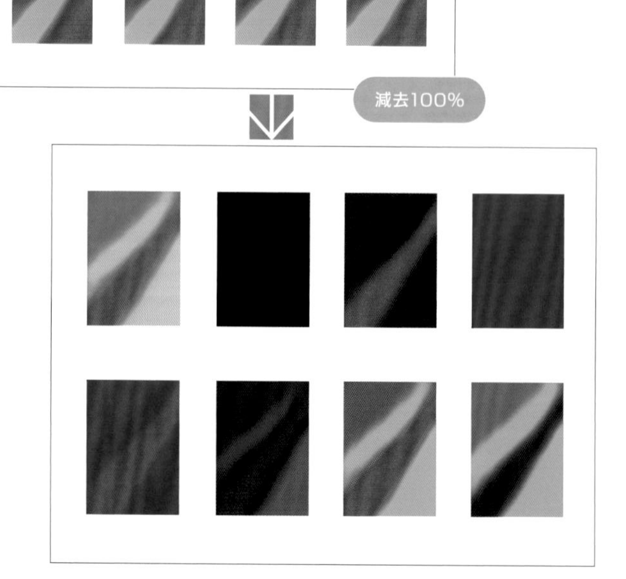

用減去處理來混合基本色與設定圖層的結果。

變亮

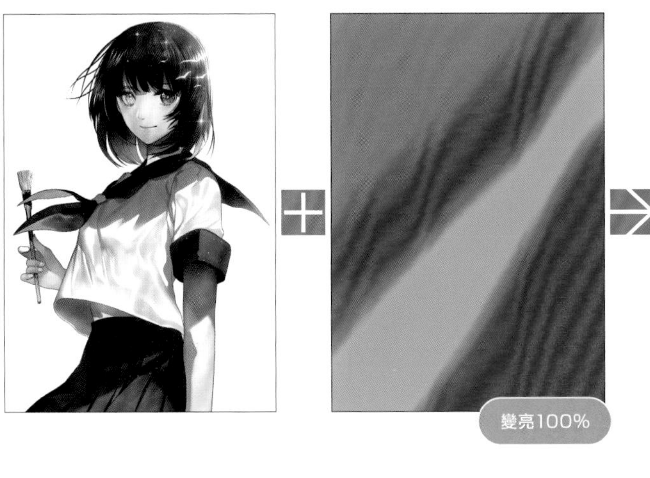

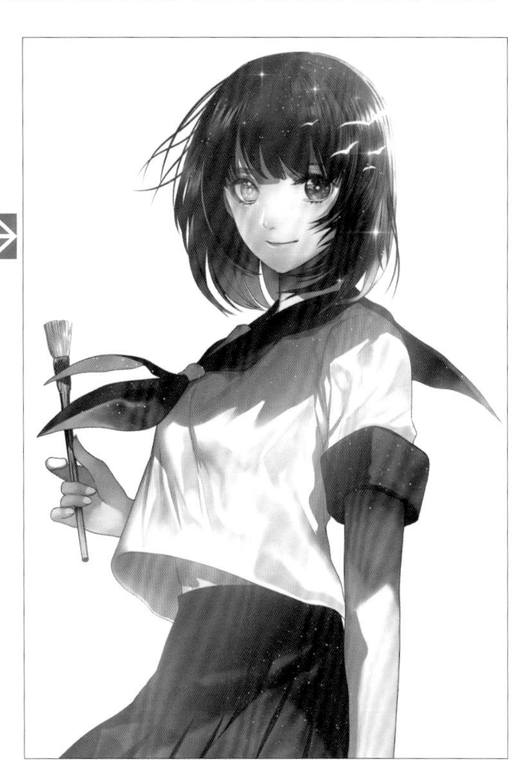

［變亮］會比較重疊的基本色和混合色，採用比較亮的顏色進行混合。

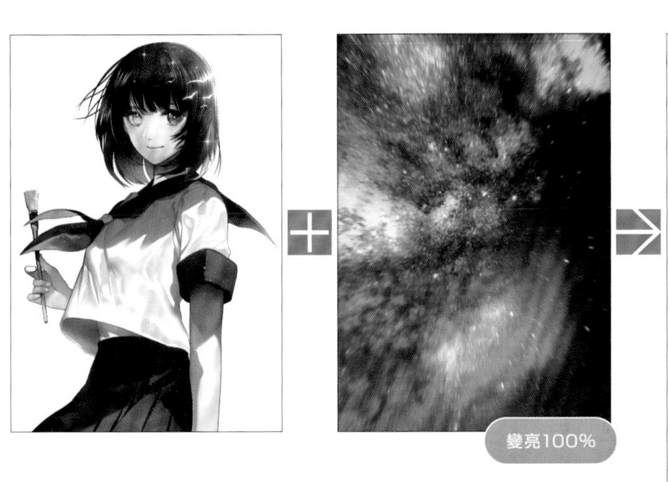

和［變暗］相比，［變亮］的結果更容易預料，所以使用起來很方便。

它能呈現像右圖這樣的奇幻效果。

濾色

［濾色］是［色彩增值］的相反模式。

- ●結果色會變成較亮的顏色
- ●把白色設為［濾色］會讓結果變成白色
- ●把黑色設為［濾色］也不會有任何效果

結果會變成如此。

因為是和［色彩增值］相反的模式，疊上愈多［濾色］，混合結果的顏色就會愈白且愈亮。

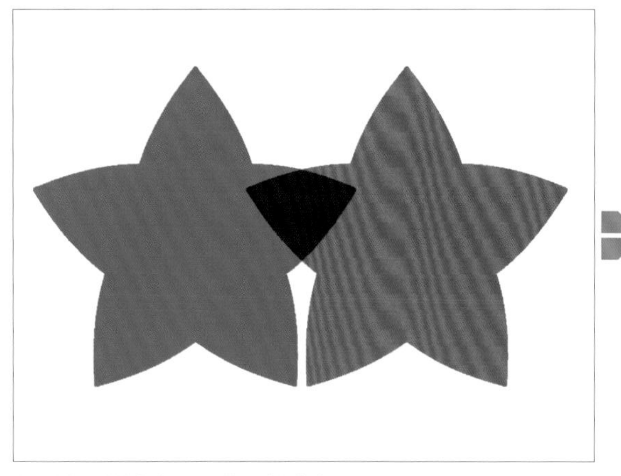

使用［色彩增值］時，重疊的部分顏色會變深。

使用［濾色］時，重疊的部分會變亮。因為其他部分的下方圖層是白色，所以不會反映出任何結果。

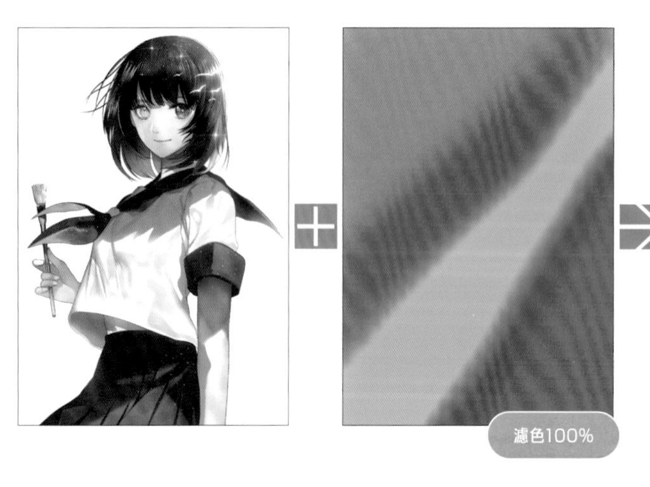

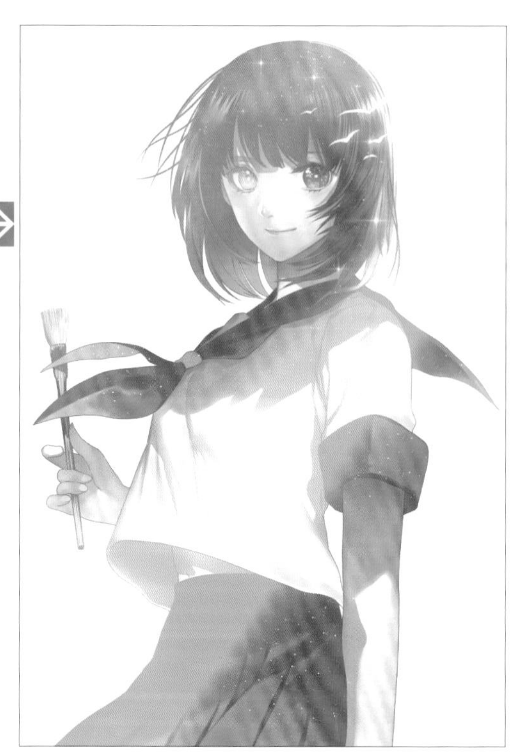

［濾色］是會廣泛運用在調整圖層或特效等地方的混合模式，應用範圍很廣。

加亮顏色

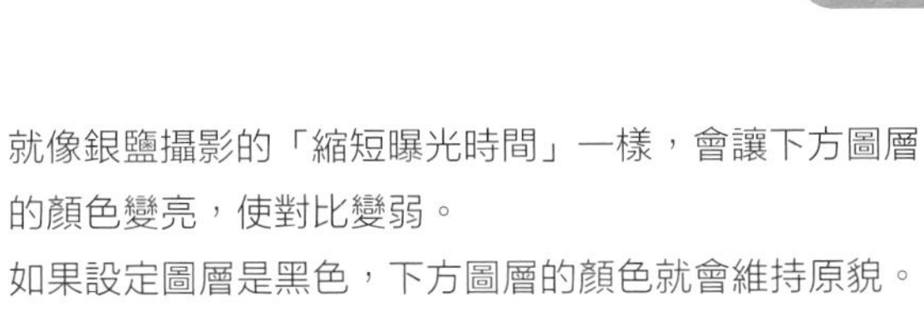

就像銀鹽攝影的「縮短曝光時間」一樣，會讓下方圖層的顏色變亮，使對比變弱。
如果設定圖層是黑色，下方圖層的顏色就會維持原貌。

加亮顏色（發光）

［加亮顏色（發光）］是［線性加深］的相反模式。它會讓基本色變亮，使整體色調變亮。
得到的效果比［加亮顏色］更強。
黑色不會反映出效果。

相加

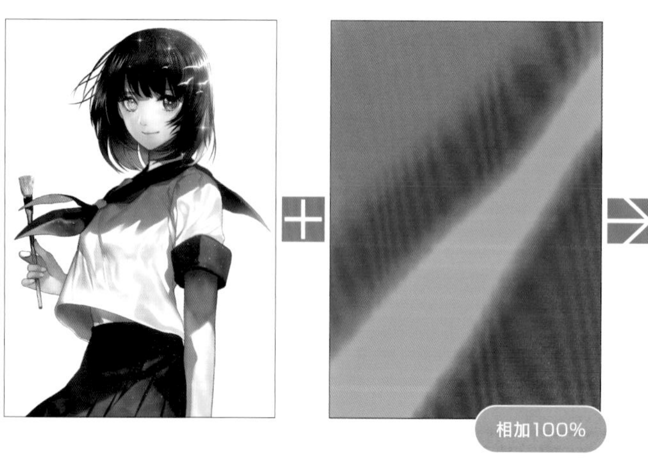

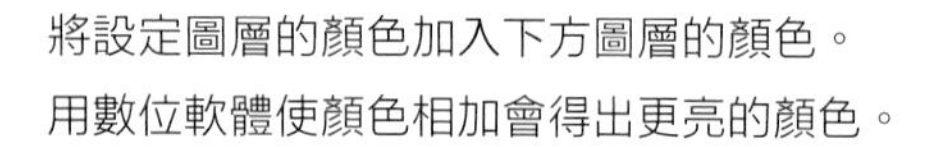

將設定圖層的顏色加入下方圖層的顏色。
用數位軟體使顏色相加會得出更亮的顏色。

相加(發光)

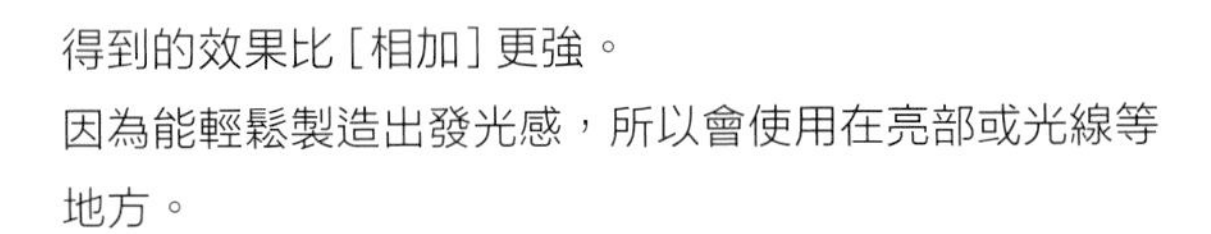

得到的效果比［相加］更強。
因為能輕鬆製造出發光感，所以會使用在亮部或光線等地方。

※Photoshop並不具備［加亮顏色（發光）］、［相加］、［相加（發光）］，因此要轉換軟體的時候請先與別的圖層組合，將圖層轉變成普通模式。

如果維持原本的混合模式直接轉換成PSD檔，使用Photoshop來開啟的話，就會和CLIP STUDIO的顯示有落差，請特別注意。

覆蓋

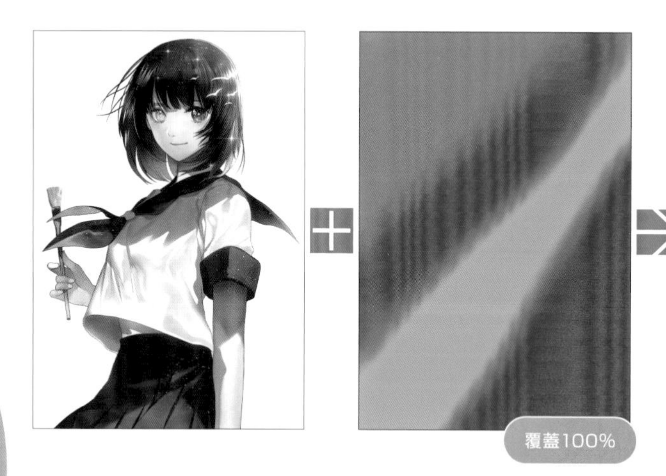

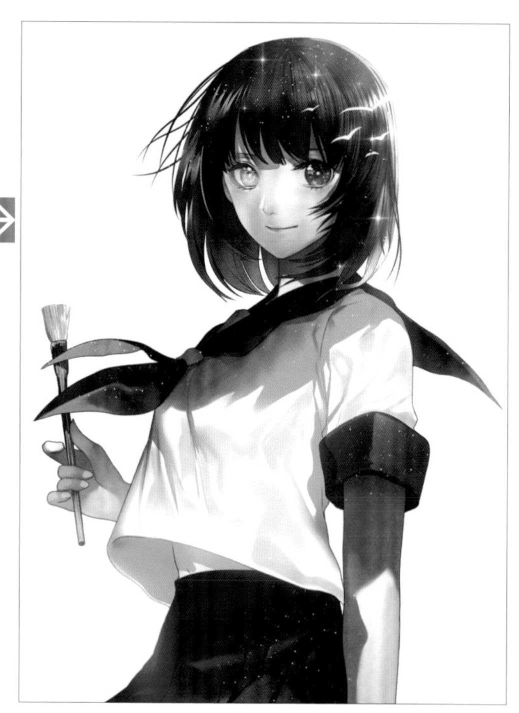

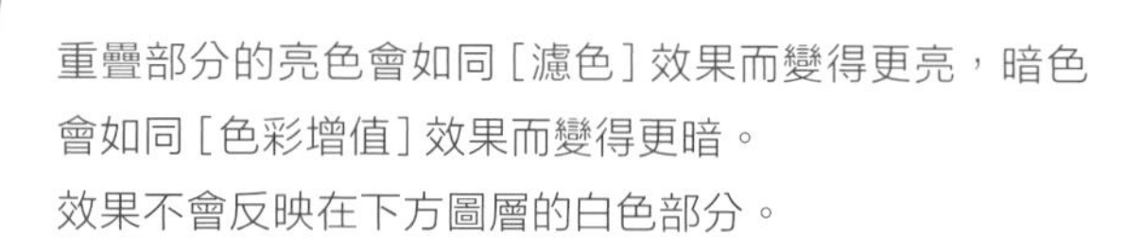

重疊部分的亮色會如同［濾色］效果而變得更亮，暗色會如同［色彩增值］效果而變得更暗。
效果不會反映在下方圖層的白色部分。

用色彩增值來描繪陰影色的時候，如果不製作蒙版，顏色就會同時反映在背景的白色部分，超出範圍。

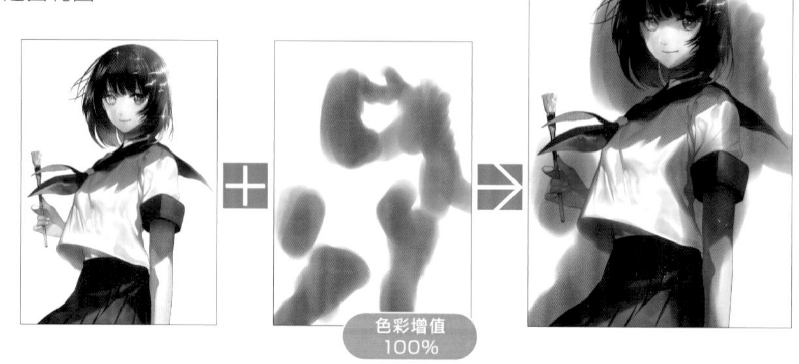

如果使用覆蓋，混合的顏色雖然和色彩增值相同，卻不會反映在背景的白色部分，因此就算沒有蒙版，也能在彷彿有蒙版的狀態下疊上陰影色。

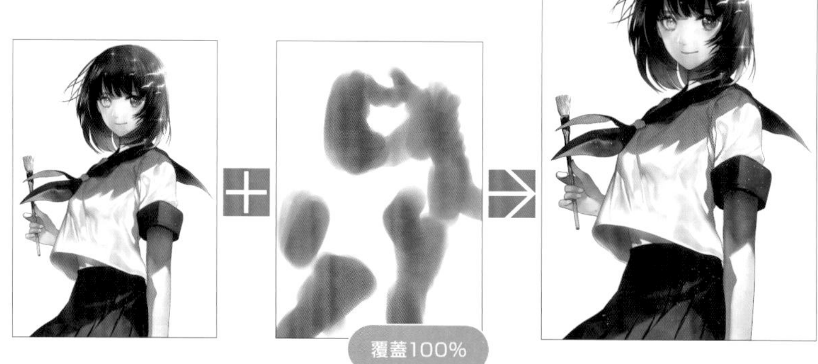

柔光

［柔光］的對比效果比［覆蓋］更弱。

※［柔光］和［覆蓋］的下方圖層如果是明亮的顏色，描繪效果會變弱。

如果是白色就不會有描繪效果，所以能在不製作蒙版的情況下疊加陰影色。

實光

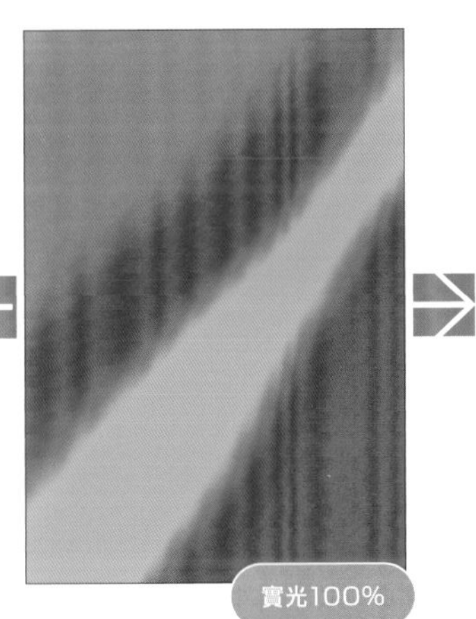

根據設定圖層的輝度，如果疊上亮色，就會以［濾色］效果變成亮色。

如果疊上暗色，就會以［色彩增值］效果變成更暗的色彩。

［實光］的對比效果比［覆蓋］更強。

效果也會反映在下方圖層的白色部分。

差異化

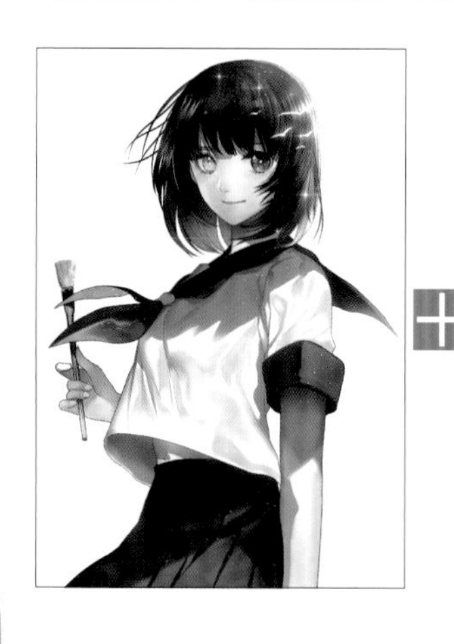

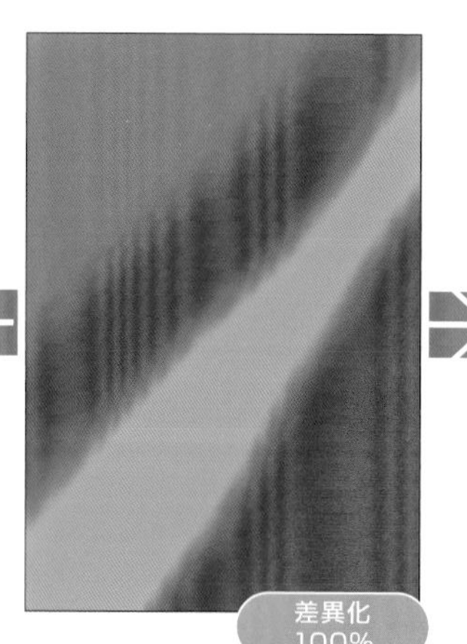

從下方圖層的顏色減去設定圖層的顏色，採用其絕對值，與下方圖層的顏色進行混合。
可以獲得接近Solarisation（色調反轉）的效果。

強烈光源

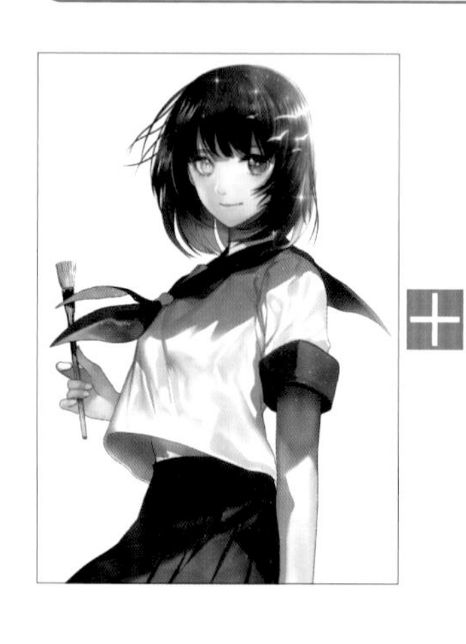

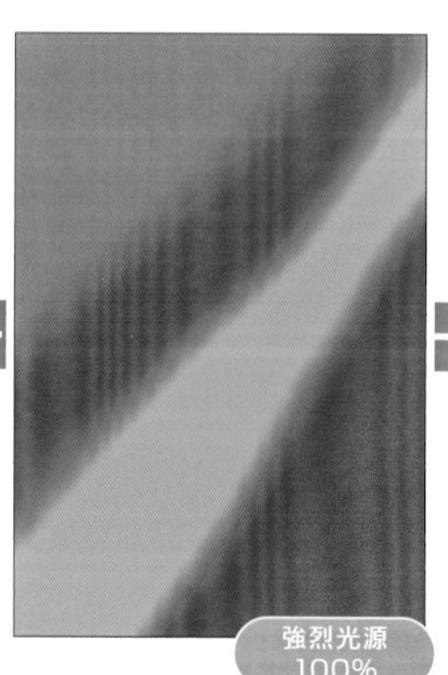

根據設定圖層的顏色，以不同的對比強度來進行混合。
疊上亮色會適用［加深顏色］，使圖像變亮；疊上暗色會適用［加亮顏色］，使圖像的對比更強。
下方圖層是白色時不會反映出效果。

線性光源

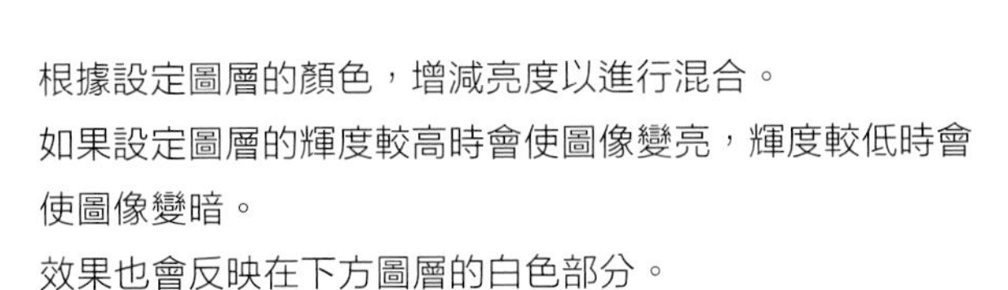

根據設定圖層的顏色，增減亮度以進行混合。
如果設定圖層的輝度較高時會使圖像變亮，輝度較低時會使圖像變暗。
效果也會反映在下方圖層的白色部分。

小光源

根據設定圖層的顏色，置換圖像的顏色以進行混合。
設定圖層的輝度較高時，只有下方圖層的明度比其更暗的部分，會被置換成設定圖層的顏色。設定圖層的輝度較低時，只有下方圖層的明度比其更亮的部分，會被置換成設定圖層的顏色。

實線疊印混合

實線疊印混合
50%

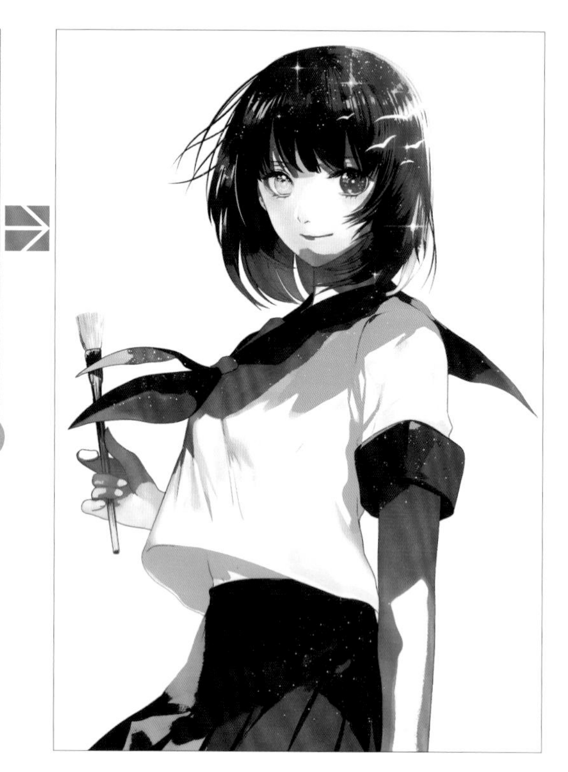

將設定圖層的RGB各數值，加進下方圖層的RGB各數值。
RGB的數值分別合計，255以上時會轉換為255。
數值合計未滿255時會轉換為0。

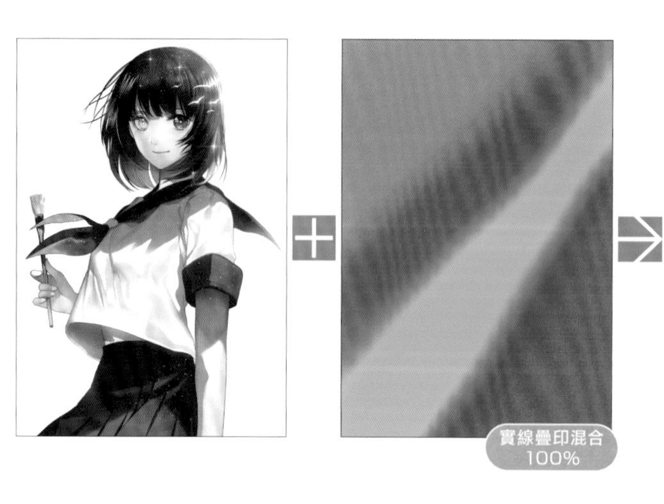

實線疊印混合
100%

下方圖層是白色時不會反映出效果。

排除

效果很接近［差異化］，混合之後的對比會比［差異化］更弱。

下方圖層的顏色是白色時，設定圖層的顏色會以反轉的狀態進行混合。

下方圖層的顏色是黑色時，會直接顯示設定圖層原本的顏色。

顏色變暗

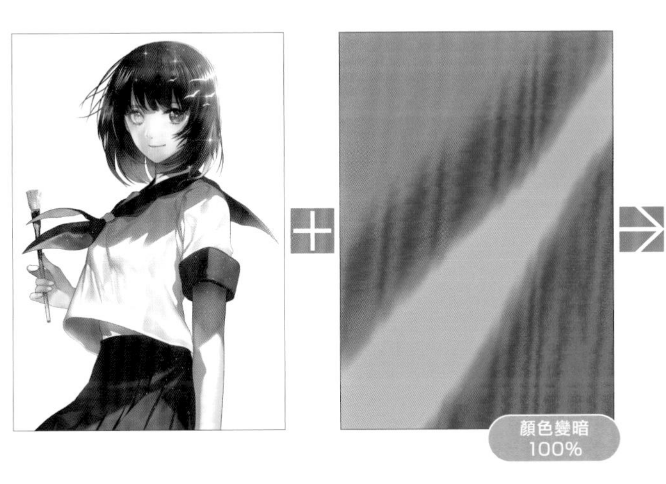

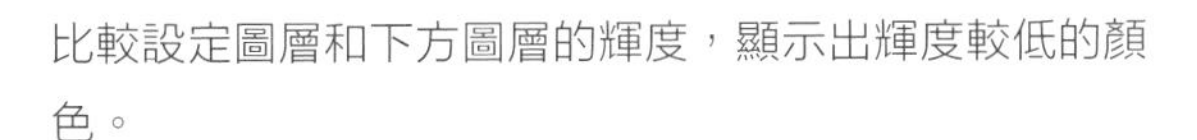

比較設定圖層和下方圖層的輝度，顯示出輝度較低的顏色。

顏色變亮

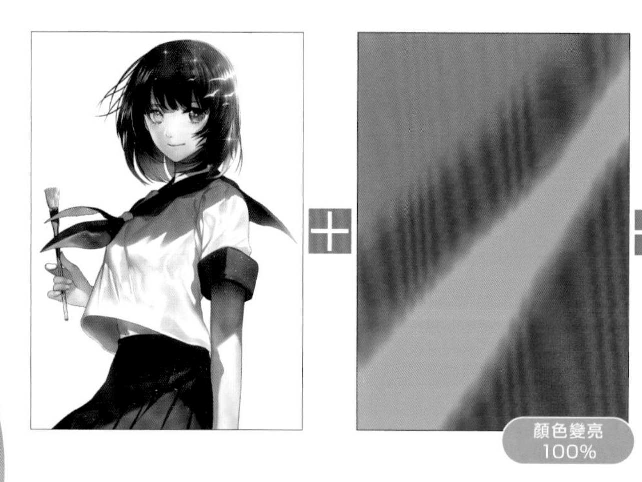

比較設定圖層和下方圖層的輝度，顯示出輝度較高的顏色。

下方圖層是白色時不會反映出效果。

除以

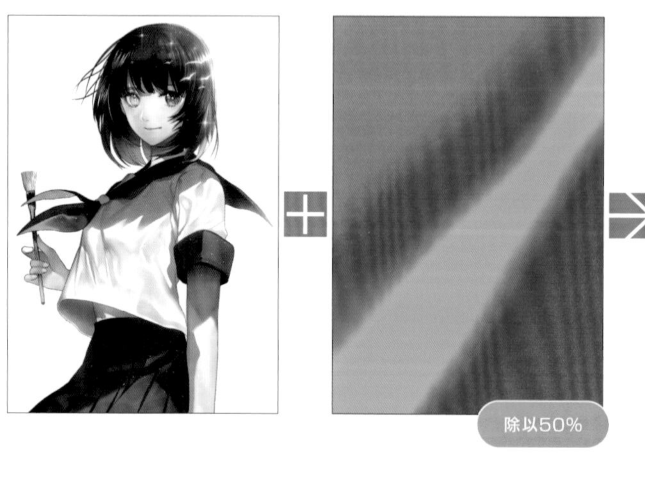

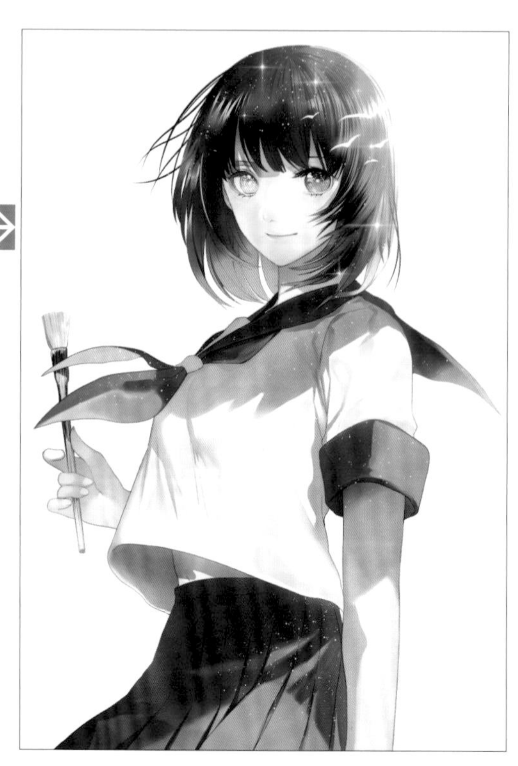

將下方圖層的各RGB數值，除以混合色圖層的各RGB數值。

下方圖層是白色時不會反映出效果。

色相

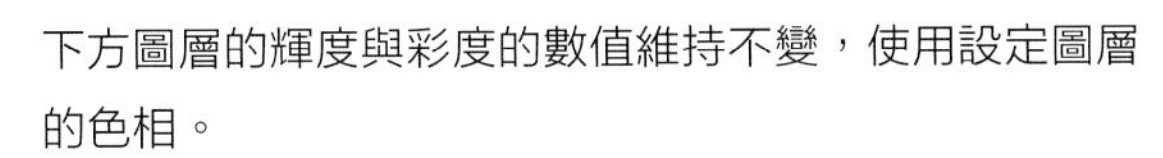

下方圖層的輝度與彩度的數值維持不變，使用設定圖層的色相。
下方圖層是白色時不會反映出效果。

彩度

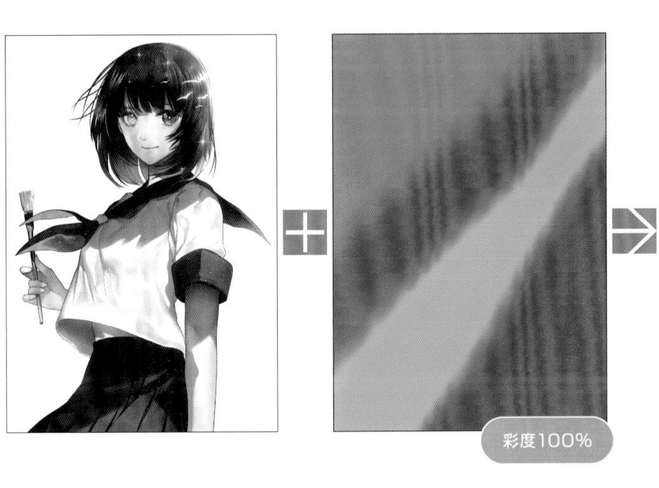

下方圖層的輝度與色相的數值維持不變，使用設定圖層的彩度。
下方圖層是白色時不會反映出效果。

顏色

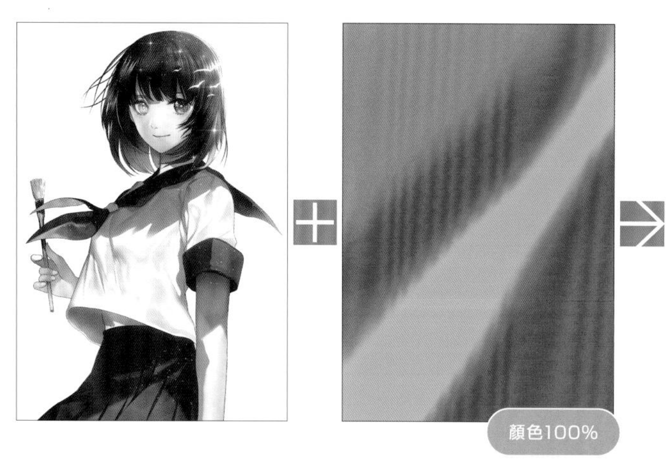

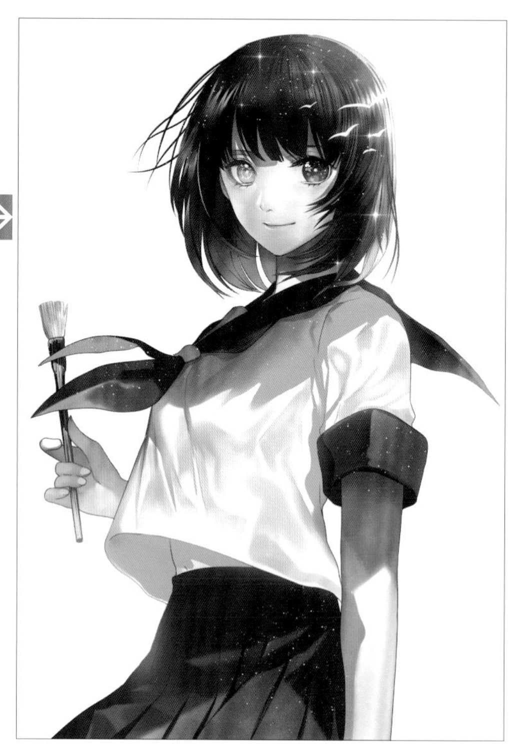

下方圖層的輝度數值維持不變，使用設定圖層的色相與彩度。

下方圖層是白色時不會反映出效果。

輝度

下方圖層的色相與彩度的數值維持不變，只使用設定圖層的輝度。

第4章

範例1 大天使長

本章將使用正統派厚塗風格來描繪
身穿鎧甲的大天使長。
過程中會介紹隨機應變的黑白底稿畫法，
以及陰影的調整、營造質感的方法等技巧。

繪製黑白底稿

在第一個範例，我將按照順序介紹灰階畫法所擅長的「厚塗」插畫的繪畫過程。

黑白底稿是灰階畫法的關鍵，但請不要怕畫不好或是失敗，發揮即興創作的精神，不斷描繪下去吧！

這種畫法不需要清理線稿，因此可以輕鬆地修改或重畫。

請不要想得太嚴肅，就當作是在鉛筆速寫中加上塗鴉樂趣的創作，開始享受畫圖的過程吧！

為了防止漏塗，一開始先用淡灰色填滿畫布。

這次我甚至不打草稿，直接正式上場，順從直覺逐步畫下去。

畫出粗略的輪廓。

畫著畫著，我忽然覺得這個輪廓看起來就像是「長著翅膀」一樣，於是決定活用這個造型繼續描繪下去。

即使是這麼隨興地描繪，最後還是會船到橋頭自然直，這就是灰階畫法的特色。

這個時候還不需要用到［透明色］來當作橡皮擦，遇到畫得不好的地方，可以不斷蓋掉塗改。表情和眼神也可以先大致畫上再慢慢修改。

雖然我一開始是打算描繪女性，卻在不知不覺間畫成偏男性的五官⋯⋯。

不論如何，為了要掌握立體感，我試著先畫上了陰影。

在頭部受光的部分疊上淡色，順著髮流畫上髮絲。

我覺得角色的頭有點太低，於是用［套索選擇］選取臉部，再使用［變形］稍微轉動角度，抬高視線。

「穿著鎧甲的大天使」的形象漸漸成形了。

用「幫角色穿上衣服」的概念疊上鎧甲的形狀。

在右側加上蓋在上方的翅膀輪廓。

決定髮型，使翅膀的陰影落在頭上。
考量翅膀的豐厚感，加上在逆光之下浮現的羽毛。

考量光線的方向，塗上肩甲和圍巾。

接著開始著手處理左側深處的翅膀形狀、鎧甲部分等細節。

為了讓光源更明確，我在左上方的空間疊上淡淡的白色。

把鎧甲和翅膀的形狀描繪得更明確。

加上羽毛的輪廓。

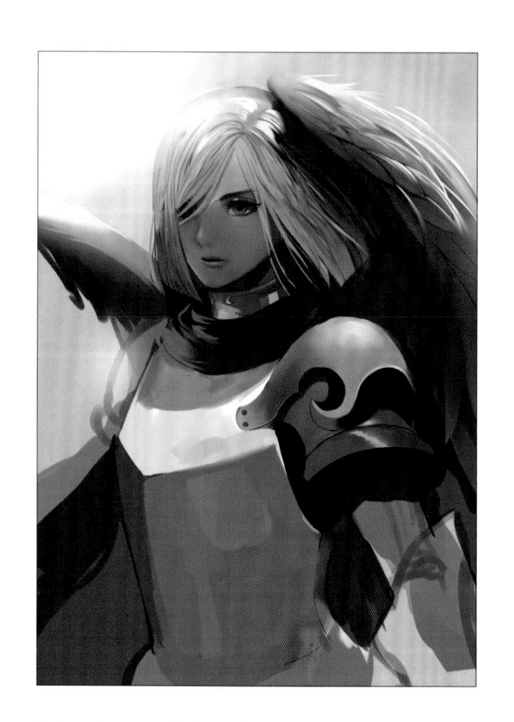

替每一根羽毛畫上反光所造成的亮部。

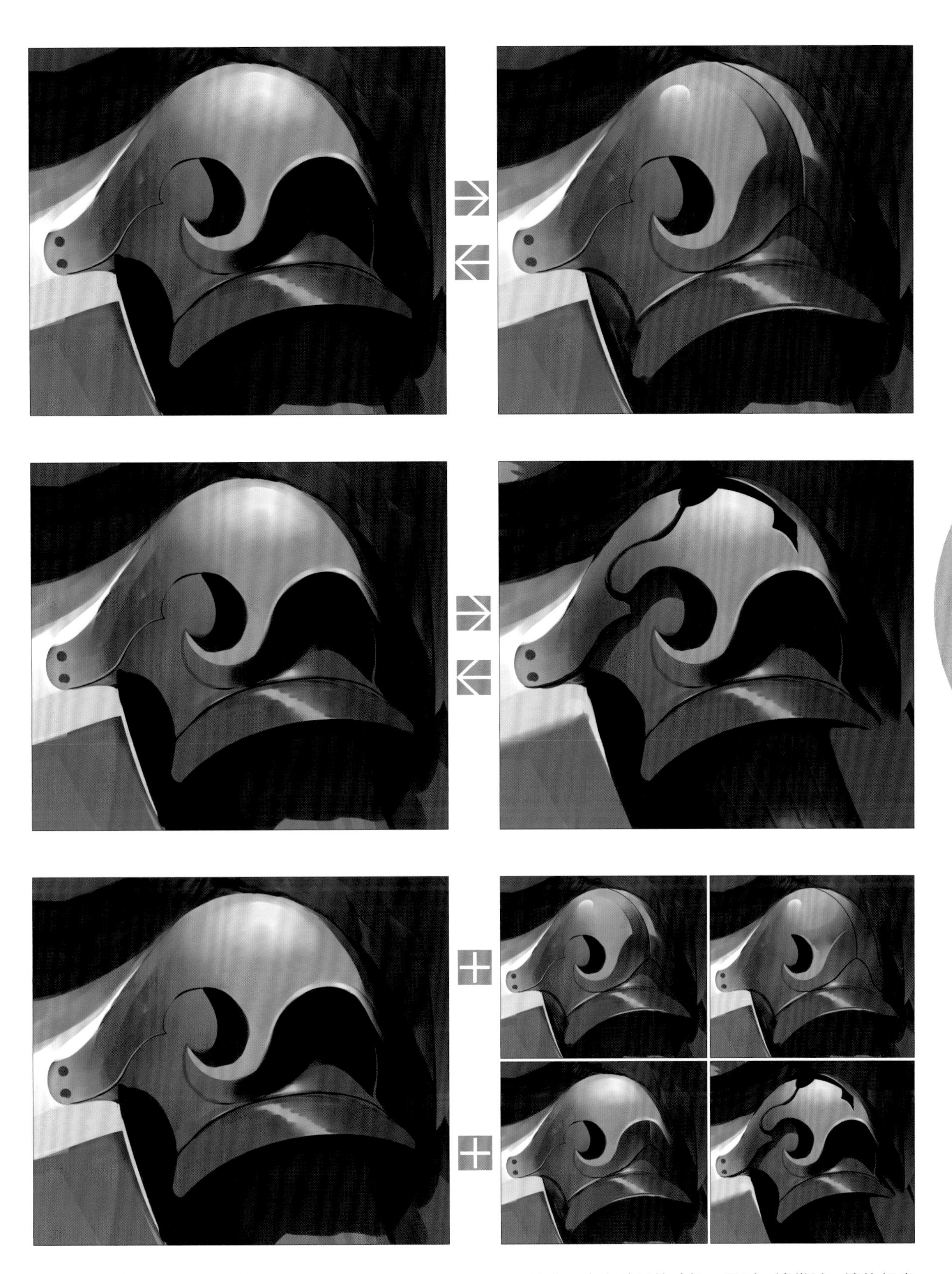

肩甲的形狀讓我有些猶豫。

畫好肩膀的基礎後，我把細節部分畫在別的圖層，覺得「那麼畫也不是，這麼畫也不是」，在過程中重畫了好幾次。

除非是沒有時間的時候，否則一邊嘗試一邊換個畫法也是灰階畫法的樂趣，所以我會好好享受這個過程。

畫好身體部分的面。用顏色大概區分每一個面。

面的邊界如果有稜有角就畫得銳利一點，如果是滑順的面則畫出漸層。

考量反光和倒影、陰影的呈現方式，繼續描繪。如果還不習慣，可以一邊參考照片一邊描繪。

零件的接合處等地方要考慮到金屬的加工方式，畫上細節。

鎧甲邊緣的厚度等細節如果潦草帶過，看起來就會像是廉價的角色扮演。

替肩甲追加更多細節。

設計浮雕狀的細節。

手甲部分也要設計裝飾。

這次的構圖只會看到其中一邊的手甲，所以不需要考慮左右細節的對稱性。

因為不需要考慮對稱性等合理性，所以能盡情加上自己想要的細節。

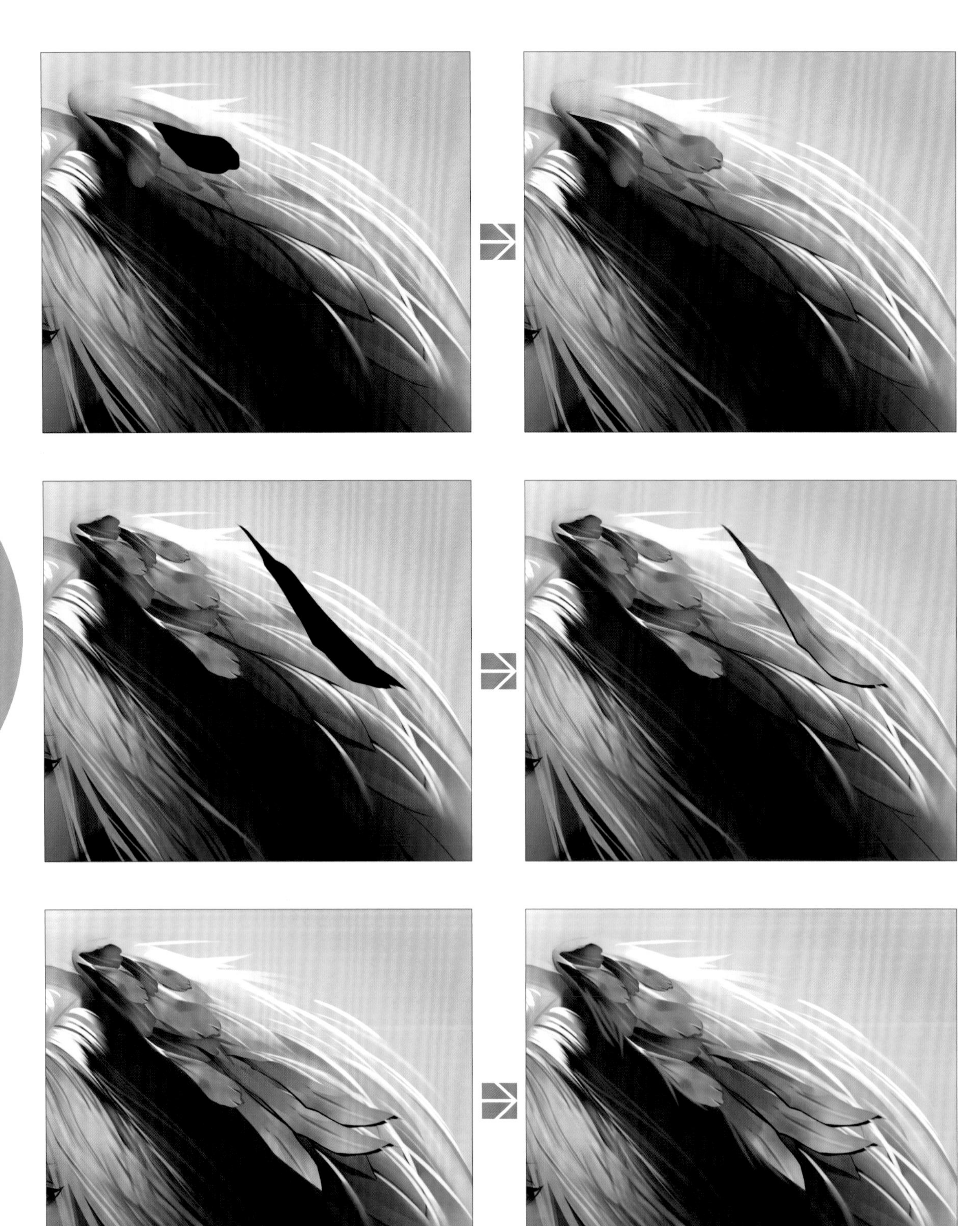

在別的圖層畫出好幾種形狀的羽毛，複製並擺放好位置。

首先用單一的黑色畫出輪廓，接著在上面疊上淡色，畫出細節。

把複製品擺放好之後再個別變形或修改、加上陰影，藉此消除複製感。

加上身體的細節。

畫上縫隙，添加金屬的光澤感。

雖然一路畫到這裡，我卻覺得不太滿意。以直線構成的身體有點不諧調……。

只要有一點猶豫，我就會乾脆地重畫。我將胸部的鎧甲設計改成曲面。

單色的鎧甲缺乏變化，所以我分別描繪每個零件。

替每個零件畫上濃度不同的陰影，區別不同的色調和質感。

替右邊的翅膀添加羽毛。

追加天使長所拿的武器的柄。

配合胸部鎧甲的形狀更動，修改胸口的圍巾。

替胸部鎧甲的零件加上更多細節，強調其與肩甲在設計上的關聯。

疊上亮部和陰影，調整畫面整體的強弱平衡之後，黑白底稿就完成了。

在進入上色步驟之前，我會用混合模式的［顏色］來疊上色彩，檢查陰影是否適當。

檢查時，我會使用右圖般的復古褐色調。

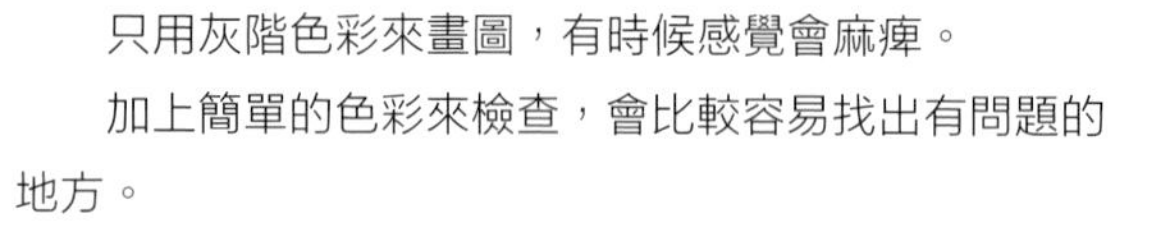

只用灰階色彩來畫圖，有時候感覺會麻痺。

加上簡單的色彩來檢查，會比較容易找出有問題的地方。

經過檢查，我發現從臉頰到下巴的臉部陰影太強，缺乏立體感，而且容易讓顏色變得黯淡。

灰階畫法本來就容易讓膚色等偏淡的顏色或彩度高的顏色變得黯淡。雖然疊上［覆蓋］等能夠提升彩度的混合圖層就可以解決色調黯淡的問題，但在黑白底稿的階段就能畫好適當的陰影是最好的。

因此，我疊上下圖的［濾色］、［除以］、［加亮顏色（發光）］這3種混合模式的補償圖層，進行修正。

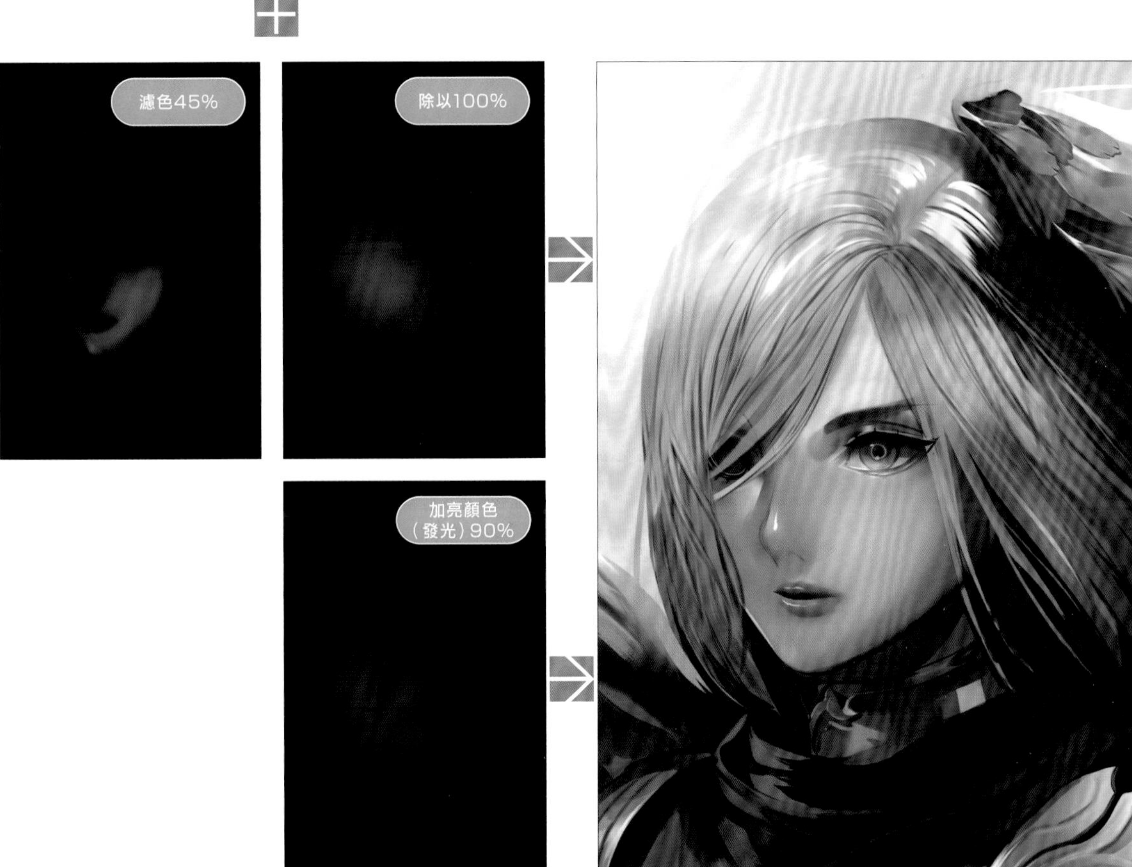

這次的黑白底稿終於完成了。

上色

把所有的底稿圖層組合成一張後，接著終於要開始上色了。

因為在不同的色彩之間畫出明確的界線就會減弱厚塗的感覺，所以要刻意不使用［用下一圖層剪裁］等蒙版類的功能，單純用手繪的方式塗上色彩。

灰階畫法很容易更改色彩，所以能夠試著描繪不同的版本，一邊享受嘗試的樂趣一邊上色。

把黑白底稿的圖層全部組合起來，統整成一張。

一開始用混合模式［顏色］來替頭髮加上色彩。為了讓超出範圍的顏色看起來不那麼明顯，我用偏低的60%筆刷濃度來上色。

接著是膚色，同樣使用［顏色］疊上色彩。各位可以看出來，上色後會變成獨特的黯淡色調。

其他部分以［顏色］疊上藍色作為整體的基調。

眼睛色彩：綠色版本

眼睛色彩：紅色版本

眼睛色彩：藍色版本

眼睛色彩：紫色版本

眼睛色彩：金色版本

眼睛色彩：銀色版本

我原本就打算將眼睛畫成綠色，不過灰階畫法只要改變上方圖層的顏色就可以輕鬆更改色彩，所以我嘗試畫了不同的版本。

我總共畫了綠、紅、藍、紫、金、銀這6種版本。

（只有金色和銀色另外用［相加（發光）］疊上了亮光。）

經過比較，我還是採用了當初決定的綠色作為眼睛的顏色。

使用［顏色］模式描繪嘴唇的顏色。

到目前為止，我把使用［顏色］模式上好色的5種色彩（金色、膚色、基底的藍色、綠色、唇色）的圖層組合成一張。

複製組合好的［顏色］模式的圖層，用［覆蓋］模式疊加上去。

這樣就消除了黯淡的色調，變成高彩度的顏色。

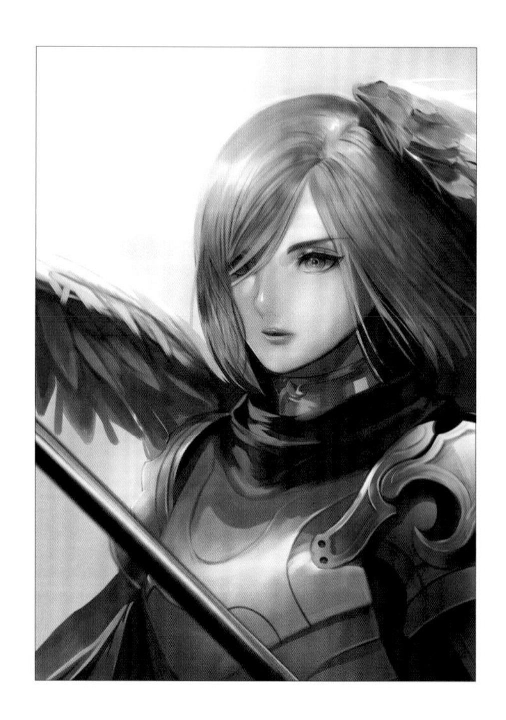

因為右邊的翅膀只有粗略的陰影，我決定補畫上輪廓。

替圍巾疊上陰影色，使明暗更明顯。

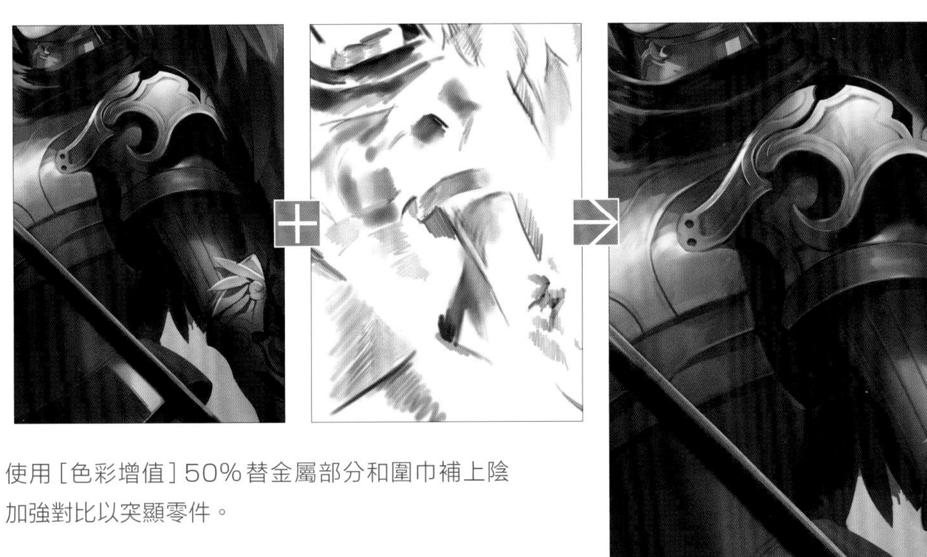

使用［色彩增值］50%替金屬部分和圍巾補上陰影，加強對比以突顯零件。

在對比較弱的地方加上細部的陰影，讓各個零件更加突出。

加上右肩甲的陰影，讓細節更清晰。

加上陰影，蓋過圍巾的亮部。

鎧甲和上手臂目前還是單色，所以要加上色彩。

使用［顏色］模式把鎧甲的裝飾畫成金色，替上手臂疊上淡淡的紫色。

從金色和紫色的［顏色］模式圖層中，單獨複製上手臂的部分。

把複製的圖層改成［色彩增值］模式疊上去，加深陰影感。

在左上方用［普通］50%疊上淡淡的白色漸層作為光源，用［線性光源］100%替翅膀造成的陰影部分和深處的部分上色，繼續加強明暗。

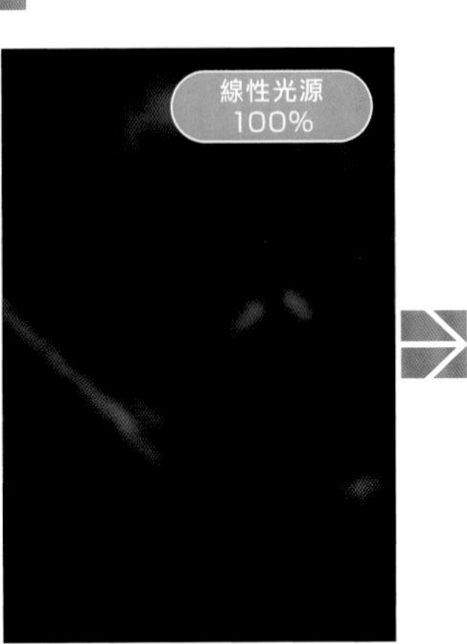

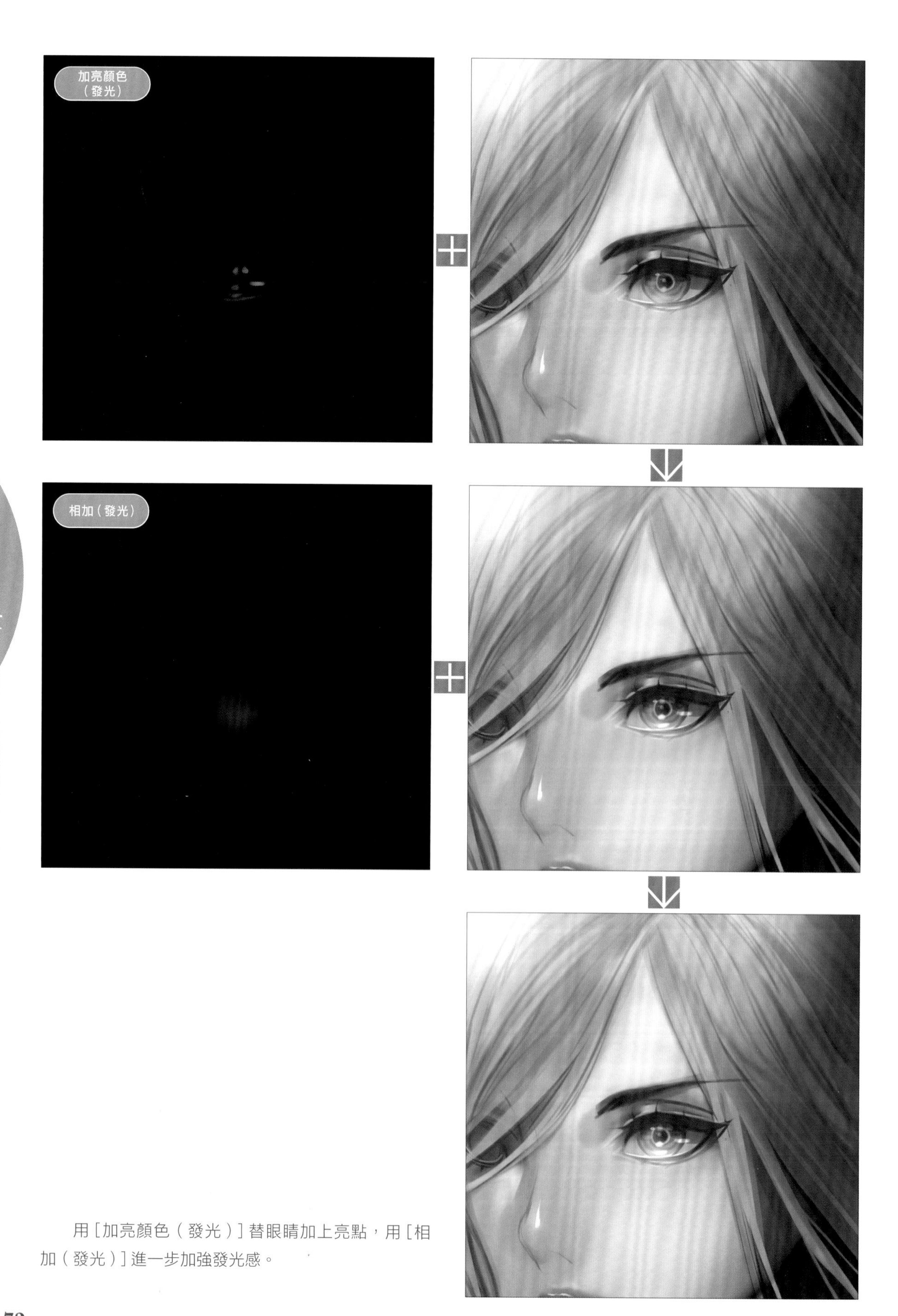

用［加亮顏色（發光）］替眼睛加上亮點，用［相加（發光）］進一步加強發光感。

色調補償

接下來要對整體作品加上色調補償。

用［顏色］模式15%補償膚色。

用［色彩增值］100%補償眼睛、嘴唇、眼線。

另外再疊上［加深顏色］6%作為調整圖層，目的是提升彩度並添加暖色成分。

眼睛、嘴唇　補償
［色彩增值］
100%

4 加上特效

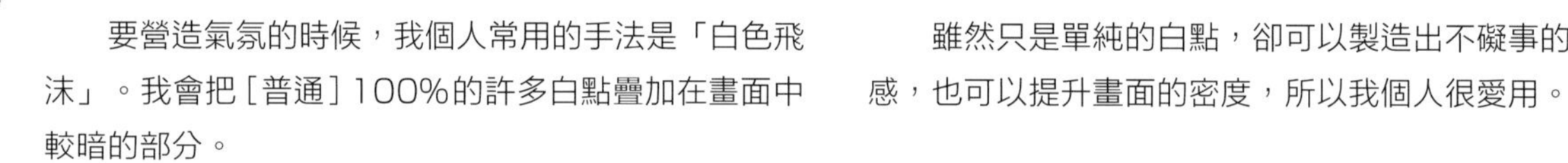

要營造氣氛的時候，我個人常用的手法是「白色飛沫」。我會把［普通］100%的許多白點疊加在畫面中較暗的部分。

雖然只是單純的白點，卻可以製造出不礙事的閃亮感，也可以提升畫面的密度，所以我個人很愛用。

另外再用［濾色］疊上折射光的特效。

光靠灰階畫法色調一定會比較單調，如果加上折射光這類的特效，就可以讓畫面變得更為華麗。

折射光的畫法

CLIP STUDIO的素材中就有可以免費使用的折射光筆刷，但只要理解混合模式的特性，單用內建的功能也可以達到同樣的效果。

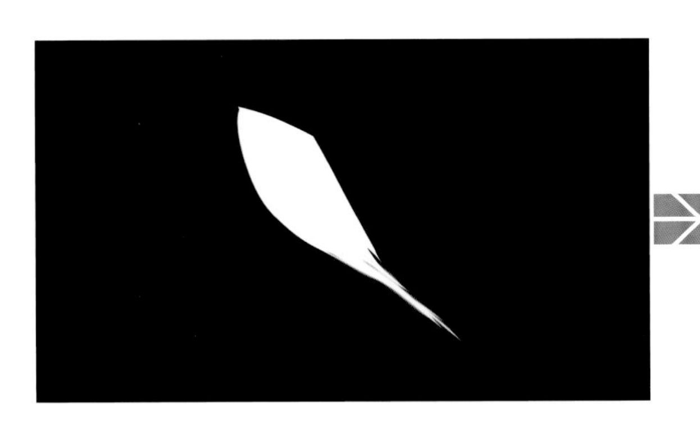

在黑色背景上新增圖層，畫出白色的形狀作為折射光的基底。

使用［用下一圖層剪裁］或［鎖定透明圖元］的功能，在白色基底上疊上彩虹的顏色。

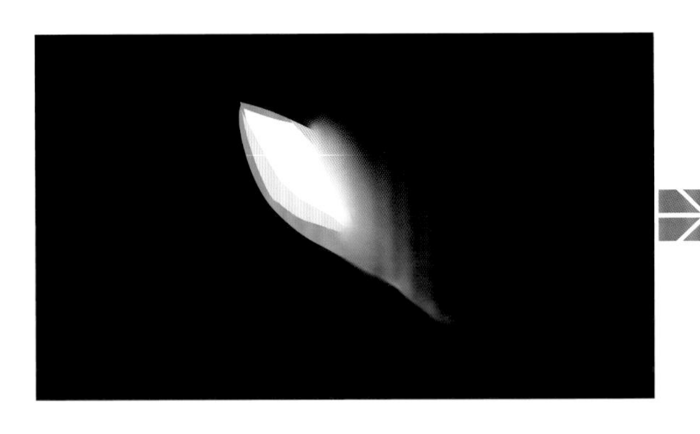

組合圖層，使用［指尖工具］等方式模糊邊緣。

彩虹色的彩度高一點會變得比較像。

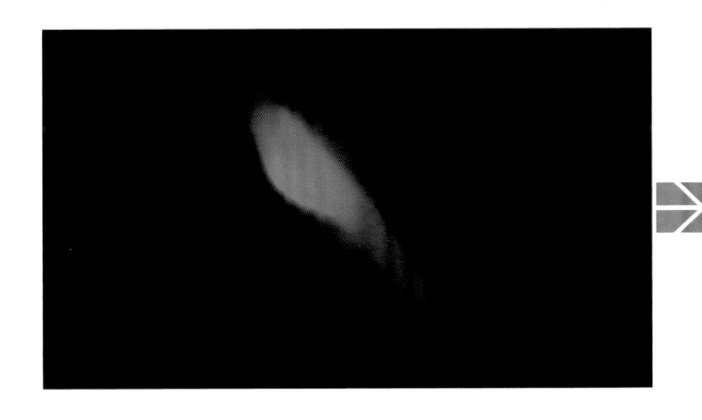

接下來只要切換成［濾色］模式，調節透明度再疊到作品上就可以了。

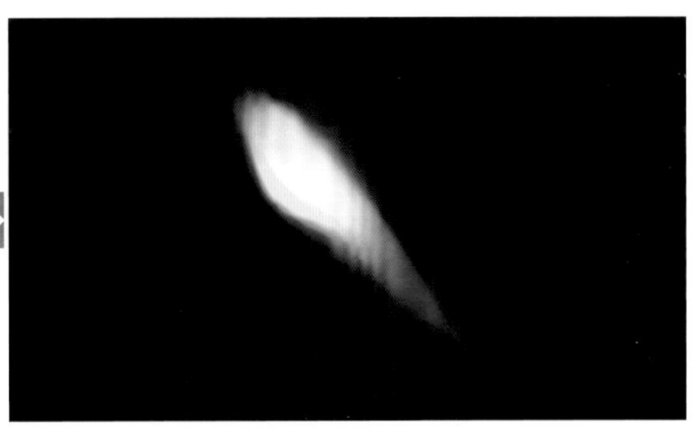

發光感不足的時候可以複製圖層並直接重疊上去。［濾色］的圖層重疊愈多次，就會變得愈白愈亮。

使用［普通］模式畫出白色羽毛的輪廓，再複製並放大或縮小，一一排列到畫面上。

複製圖層，執行［濾鏡］>［模糊］>［高斯模糊］。

在模糊後的羽毛圖層上，疊上輪廓清晰的圖層，就可以製造出柔軟的羽毛輪廓。

這是疊到畫上的樣子。

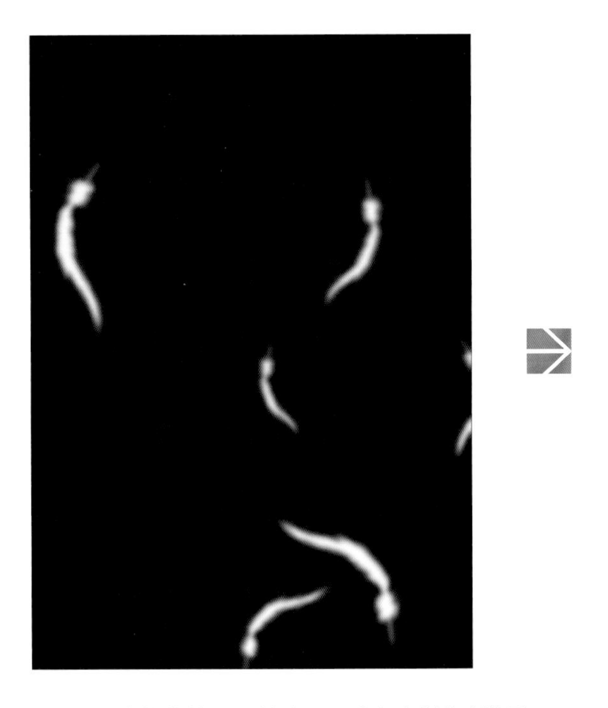

再製造更多模糊的羽毛輪廓，用［實光］模式排列到畫面上。

用［相加（發光）］繪製羽毛的光暈。

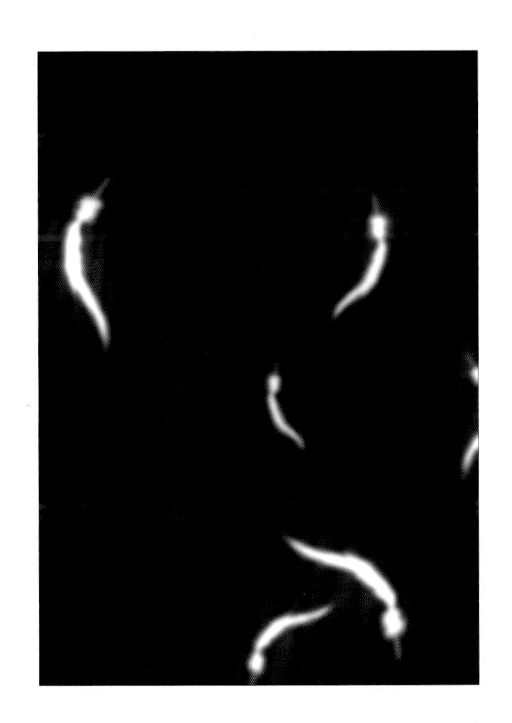

疊加到［實光］的羽毛輪廓上方，製造出帶有發光感的羽毛。

藉著疊加模糊方式不同的2種羽毛，可以營造出發光感並強調遠近感。

使用［線性光源］描繪「天使光環」。
對畫好的正圓做變形處理，營造出深度的感覺。

複製光環並塗上顏色，然後執行［高斯模糊］，做出光暈。

把「天使光環」的輪廓疊在光暈上，最後把圖層組合在一起。

微調光環的位置。

加上所有特效之後，會發現背景的顏色太淡，使得折射光和羽毛、天使光環等發光效果變得不太明顯。

為了突顯這些特效，我決定用［色彩增值］替背景稍微加上一點顏色。

除此之外，我也複製了天使光環並用［加亮顏色（發光）］重疊上去，讓色調更加明顯。

威風凜凜的大天使長，厚塗風插畫就這麼完成了。

第5章

範例2 複合式作品

本章將解說如何運用厚塗不需要的線稿
以及灰階畫法的上色方法
來創作複合式的作品。

1 有線稿的灰階畫法

平常我承接插畫委託的時候，比起沒有線稿的厚塗法，最常使用的其實是以線稿為基礎，再用灰階畫法上色的複合式手法。

作畫的途中會需要讓客戶確認，如果完全用厚塗的方式描繪，就一定要進行到某種程度才能讓客戶判斷成品的樣子。

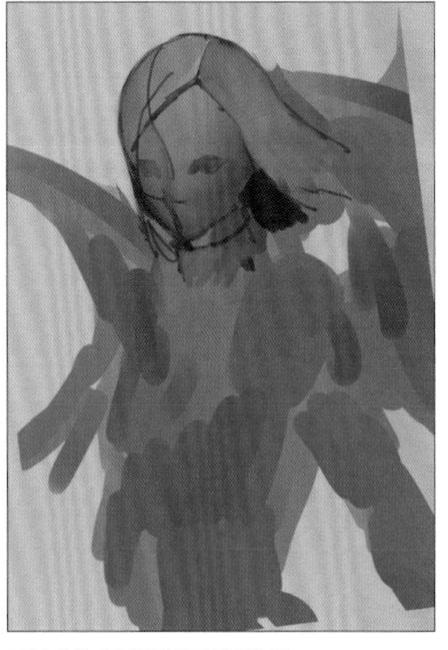
不適合給客戶確認的初期底稿。

到了幾乎接近完成狀態的時候，才終於能把成品的印象呈現給客戶。

有線稿的情況下，客戶會比較容易從初期階段去想像插畫完成時的樣子，確認時的討論也可以進行得更為順利。

除此之外，如果作品的受眾是從小看動漫畫長大的日本顧客，有線稿的插畫會比沒有線稿的插畫更容易被接受，這也是其中一個原因。

不管有沒有線稿，灰階畫法本身都沒有太大的差異，不過本章除了融合線稿與灰階畫法的複合式畫法之外，還會介紹一些描繪姿勢與自拍照片的小技巧。

容易傳達成品印象的線稿。

2 自拍姿勢

CLIP STUDIO雖然具備擺姿勢用的3D人體模型，但關節等部分總是會有些不自然，所以我都會準備像右圖這樣的自拍照（為了保護個人隱私，請容我遮住臉部）。

描繪衣服的皺褶和關節，照片是最好的參考。

雖然我也想參考照片來描繪黑白底稿最關鍵的「陰影」，但如果要拍出明確的光影，就需要設置好照明設備，進行非常正式的拍攝，所以我只把照片當作肢體的參考資料。

我會把設定好定時器的手機或數位相機靠在地面和牆壁之間，從盡量低一點的位置仰角拍攝。

用上仰的角度拍攝就會有透視感，不只能避免構圖太單調，也能讓腳稍微變長一點，具有讓身材比例變好的效果，建議大家可以試看看。

要描繪多個人物的時候，我有時候也會找有在玩角色扮演的朋友來幫忙。

這種時候，我會請對方盡量準備接近角色設計的服裝，拍攝可以當作服裝皺褶與陰影參考的照片。

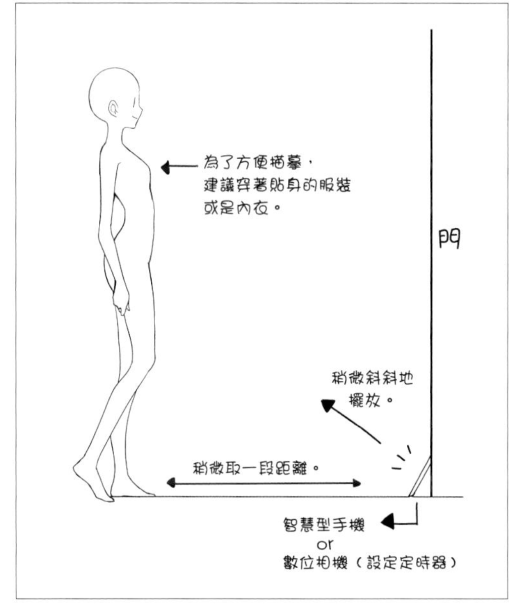

拍好照片並傳輸到電腦上之後，調整色調以去除彩度，把照片轉換成黑白影像，描摹成線稿。

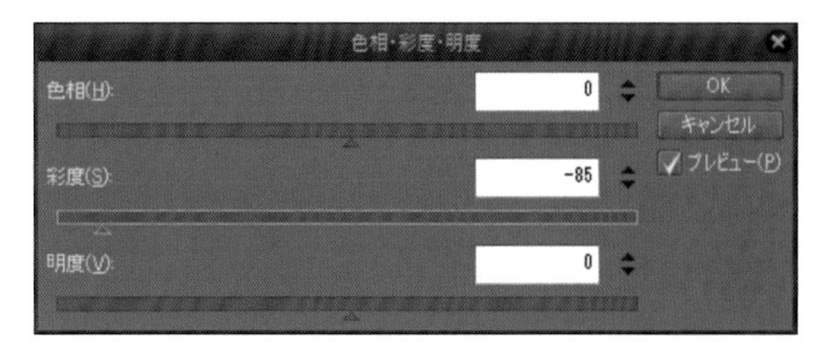

第5章 範例2 複合式作品

開始描摹之前，我會在照片的階段調整身材比例。

使用放大縮小、網格變形、指尖工具等功能，調整各部位的胖瘦，使身材更接近想像中的樣子。

不只是微調身材比例，我有時候也會把肩膀調寬、把手調大以重現男性的身材，或是調整各部位的比例，做出接近小孩子的體型。

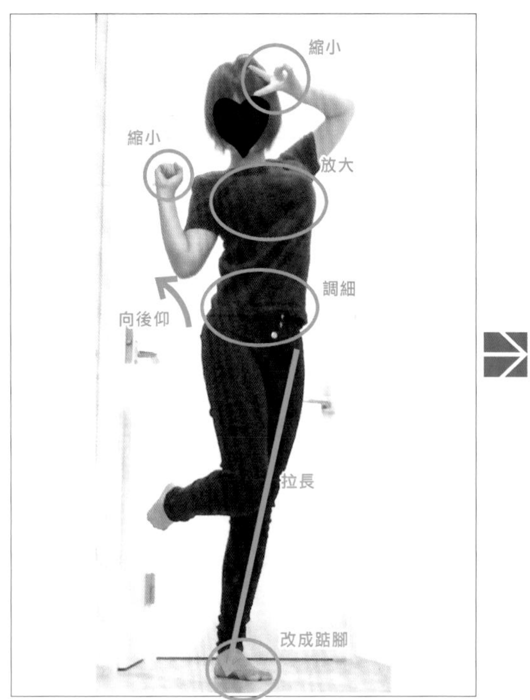

身材比例調整前

身材比例調整後

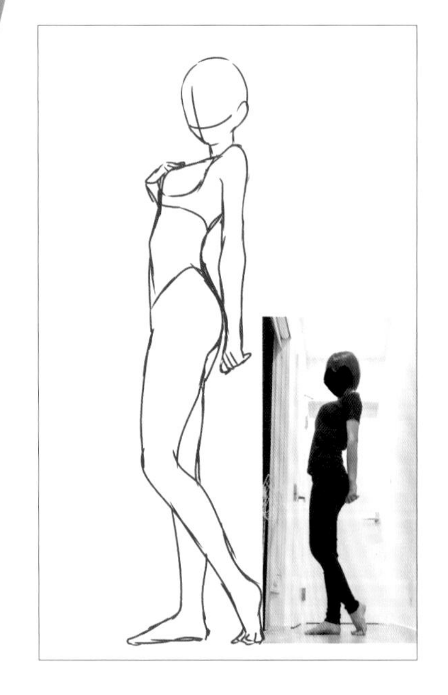

從候選的3張照片中挑選想要的姿勢。需要請客戶確認的時候，我不是提供照片，而是提供描摹成線稿的草稿。

這次我決定以第3張照片為基礎，繼續描繪線稿。

3 線稿（底稿）

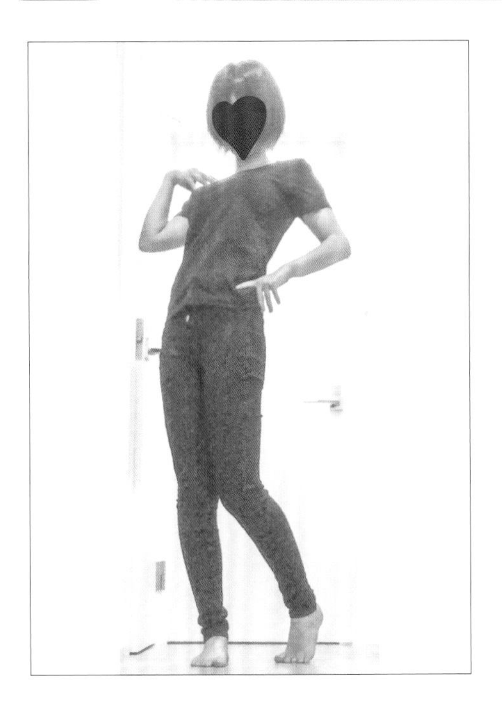

以這張照片為基礎，描摹成線稿。
順帶一提，這張照片幾乎沒有修圖過。

降低不透明度，在上方新增圖層，用紅色的鉛筆畫出線稿的草稿。

因為這次是穿著衣服的照片，所以描摹時要以衣服下的身體為準，但平常我都是以穿著內衣的狀態拍攝照片，省去這部分的麻煩。

完成整個身體的描摹，線稿的基礎草稿就完成了。

新增圖層，這次改用藍色的筆刷以方便區分，一邊調整形狀一邊描繪線稿。

用藍色線條調整過後，把不需要的紅色線條擦掉。

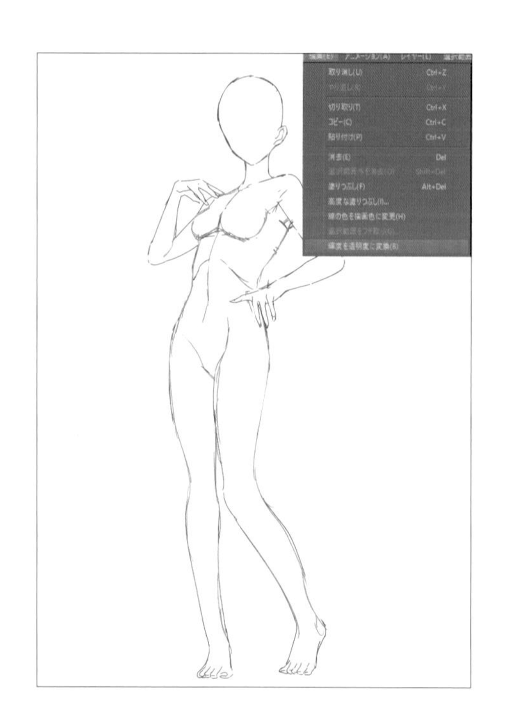

使用［編輯］>［將輝度變為透明度］，把紅藍兩種線的顏色變成灰階線條。

為防止漏塗，用灰色填滿背景。

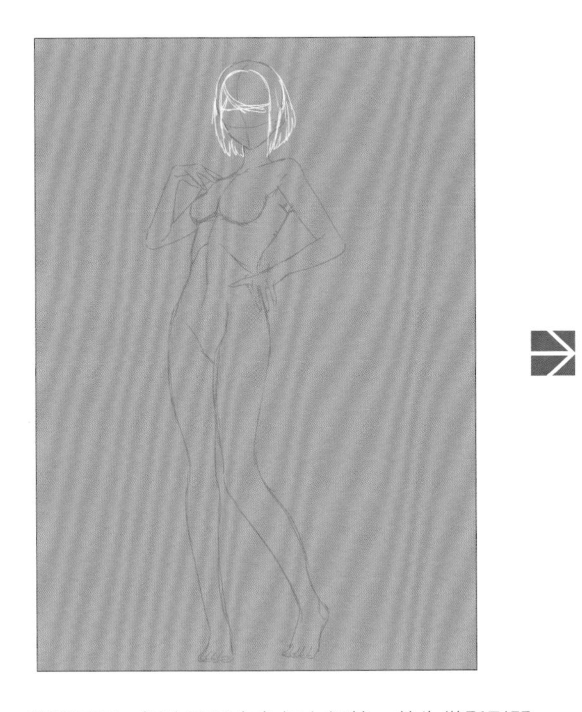

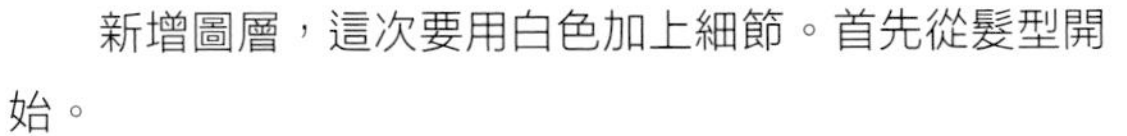

新增圖層，這次要用白色加上細節。首先從髮型開始。

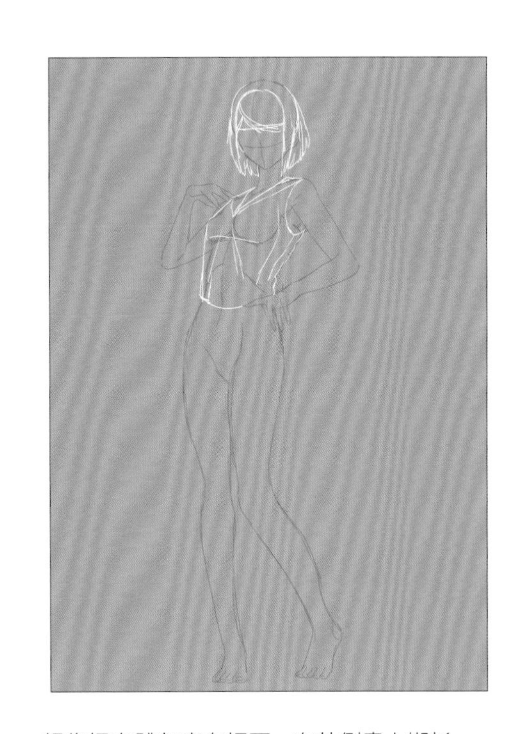

想像把身體包裹在裡面，在外側畫上襯衫。

畫裙子時先畫出下襬，設定好長度，再加上裙褶。

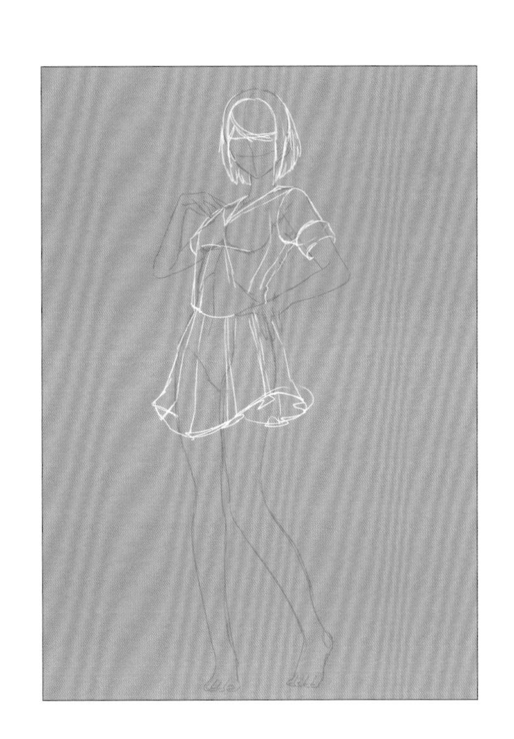

注意布料接觸裡面的身體，特別是腰骨時產生的形狀變化，畫出完整的裙子。

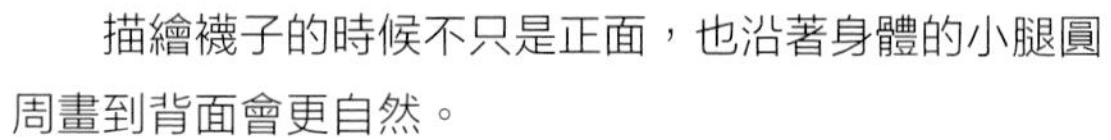

描繪襪子的時候不只是正面，也沿著身體的小腿圓周畫到背面會更自然。

畫上鞋子。

服裝已經描繪到一定程度，這時要再度檢查整體的平衡。

我覺得角色畫得有點太高了，於是用［自由變形］（［CTRL］+［SHIFT］+［T］）把上半身稍微縮小等，進行微調。

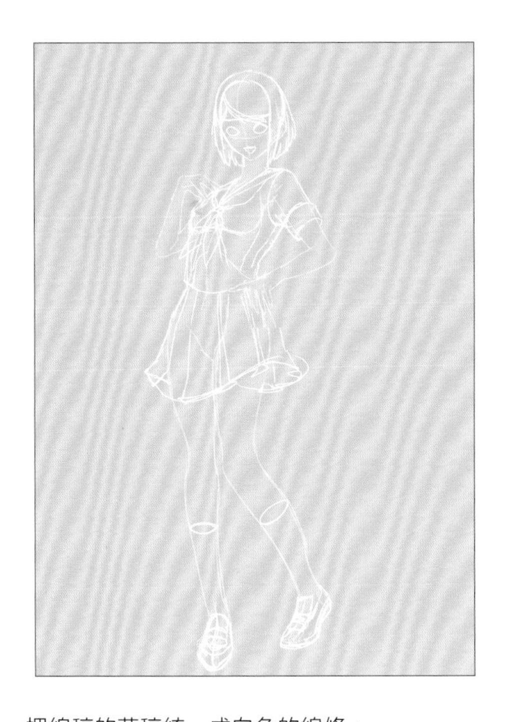

把線稿的草稿統一成白色的線條。

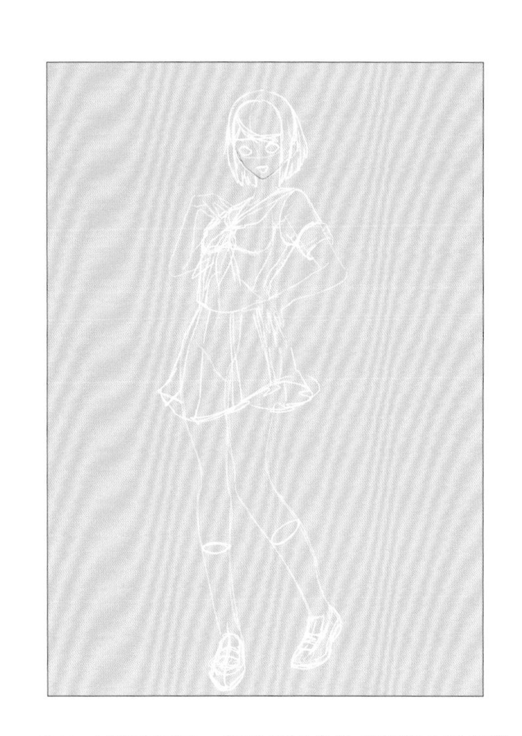

在上方新增圖層，開始用黑色的線描繪出乾淨的線稿。

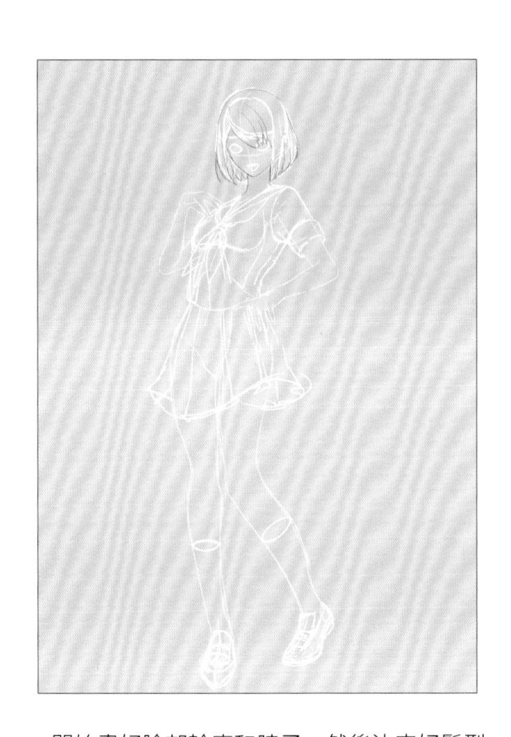

一開始畫好臉部輪廓和脖子，然後決定好髮型。

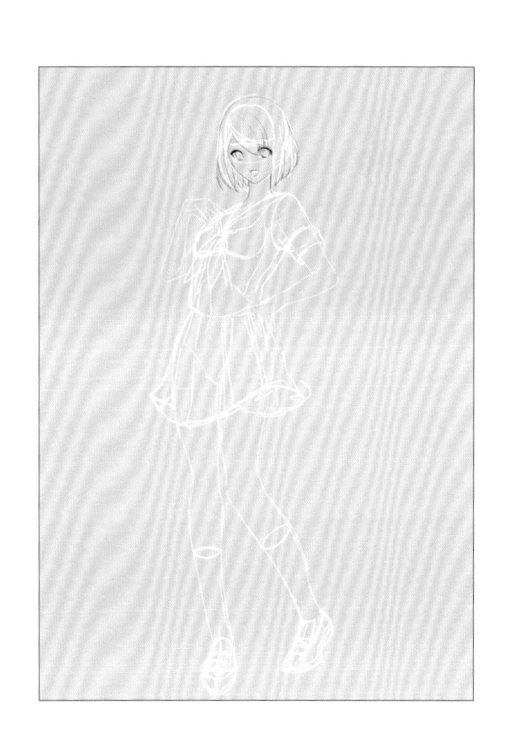

把眼睛和嘴巴的線稿畫在別的圖層。

頭部的線稿畫好之後，依序往下描繪。

胸口。

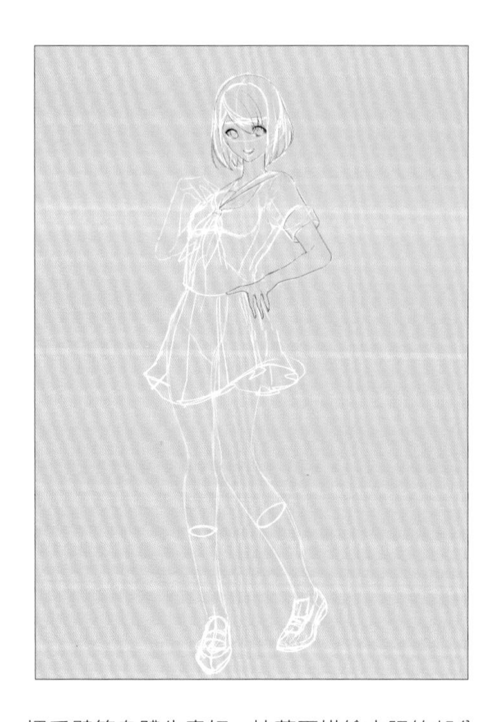

把手臂等身體先畫好，接著再描繪衣服的部分。

上半身到裙子的線稿清理完畢。

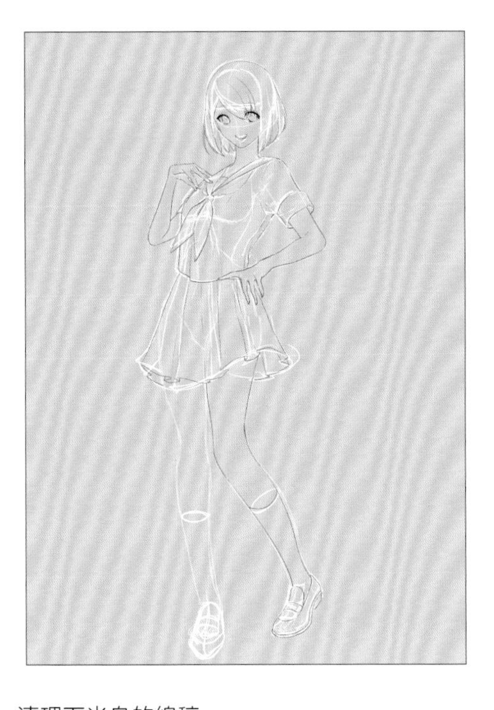

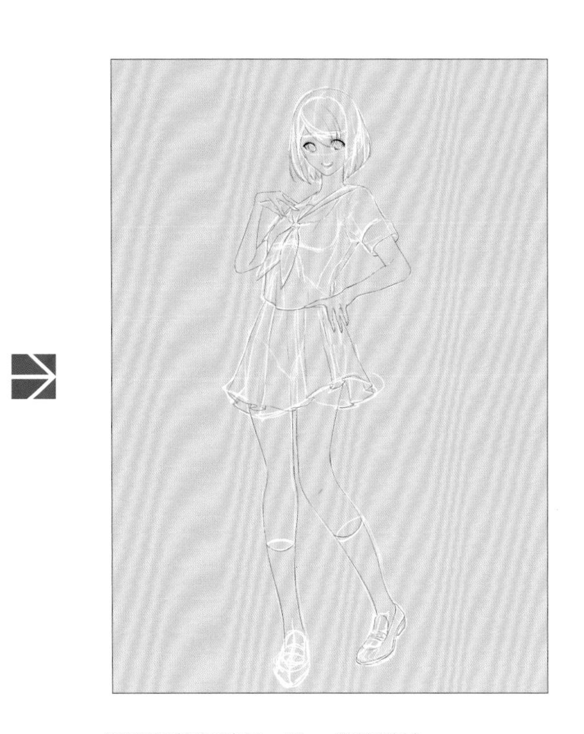

清理下半身的線稿。

把腳調整得稍細一點，繼續描繪。

以草稿為基礎的線稿完成以後，單獨顯示黑色線條的部分，檢查是否有漏畫的地方。

進一步修改各個部位的細節，完成線稿（綠色的線是修改前）。

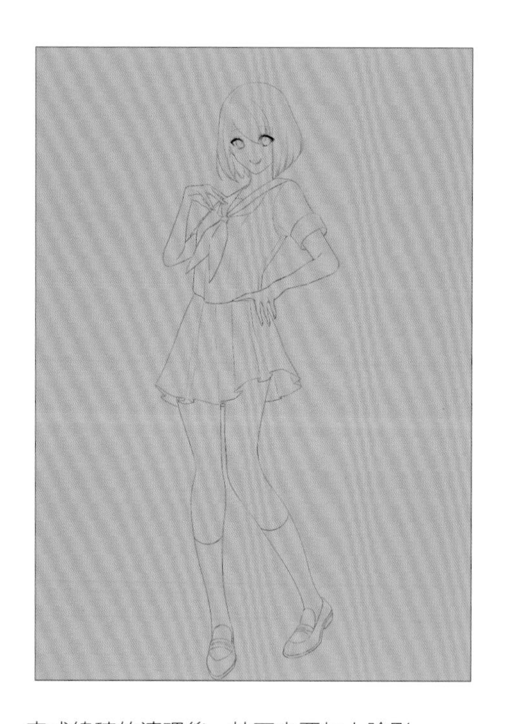

完成線稿的清理後，接下來要加上陰影。

設定好光線的方向（紅色箭頭），首先替肌膚部分塗上白色的底色。

裙子或襪子等上方有衣物覆蓋的部分即使塗出界線也沒有關係。

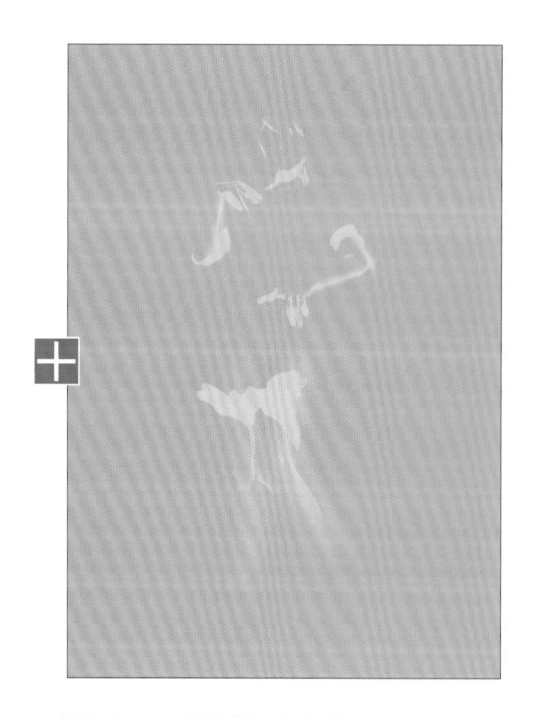

使用[用下一圖層剪裁]加上第一層肌膚陰影。
混合模式是［普通］。
瀏海等部位造成的陰影也在這個時候畫上。

顯示出疊上線稿的樣子，一邊觀察整體的平衡一邊描繪陰影。

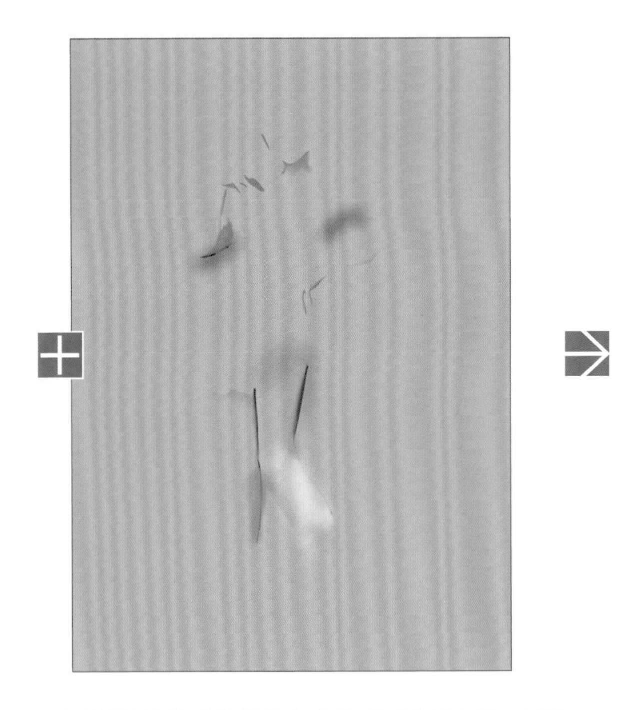

用［普通］模式的［用下一圖層剪裁］疊上第二層肌膚陰影，加強明暗的對比。

這是疊上線稿的樣子。

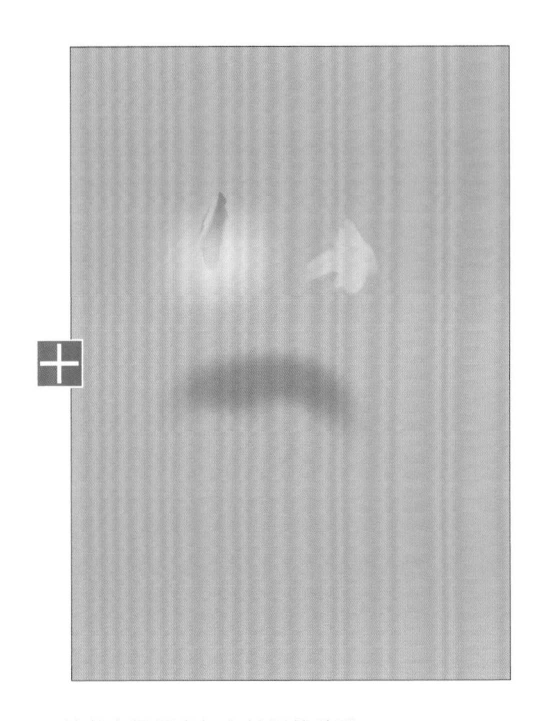

接著在裙襬處加上較深的陰影。

身體部分的陰影就完成了。

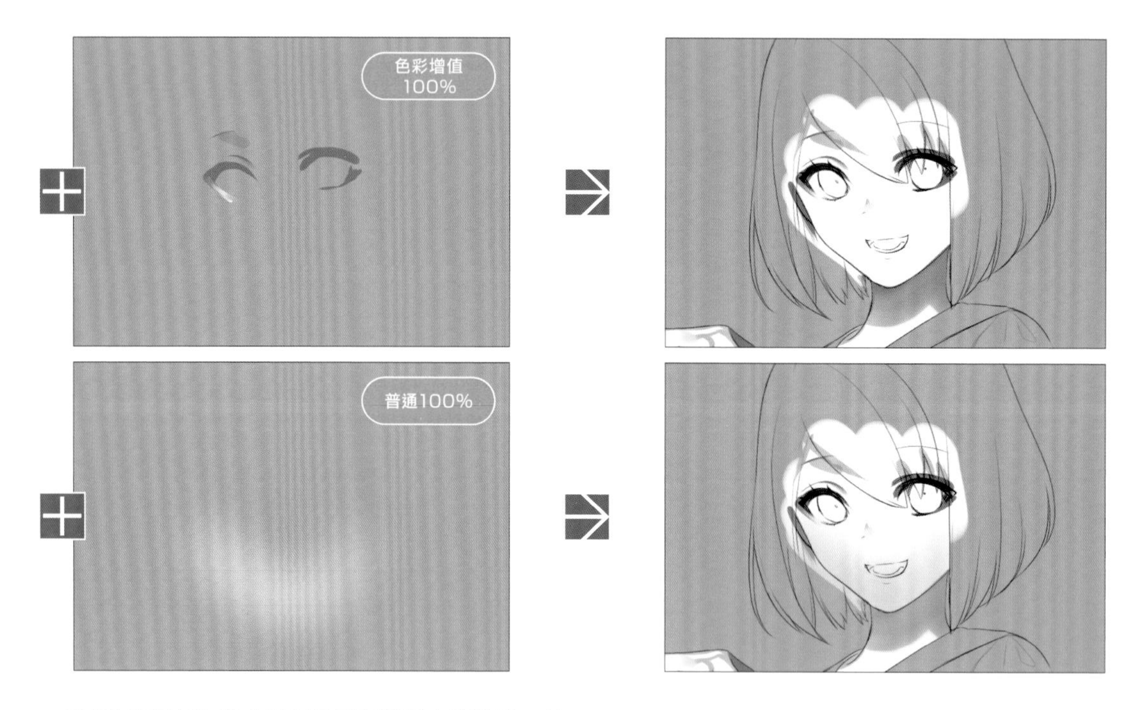

用［色彩增值］模式畫上睫毛和雙眼皮的陰影，替臉頰加上淡淡的陰影。

肌膚部分的陰影完成。

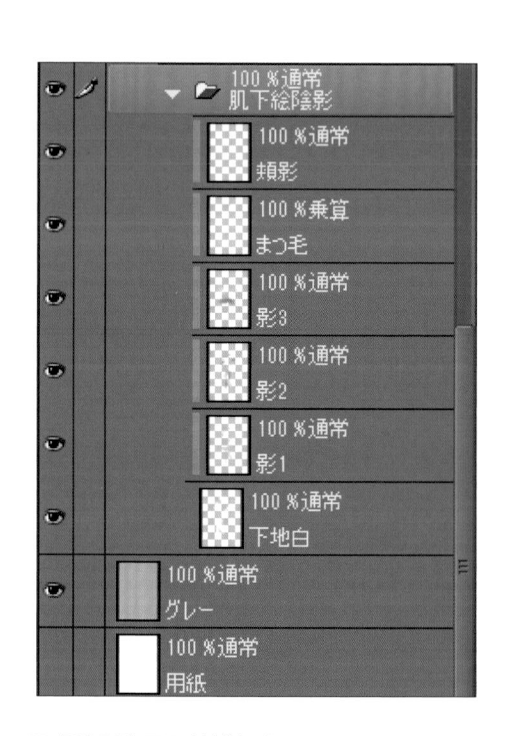

肌膚陰影的圖層結構如上圖。

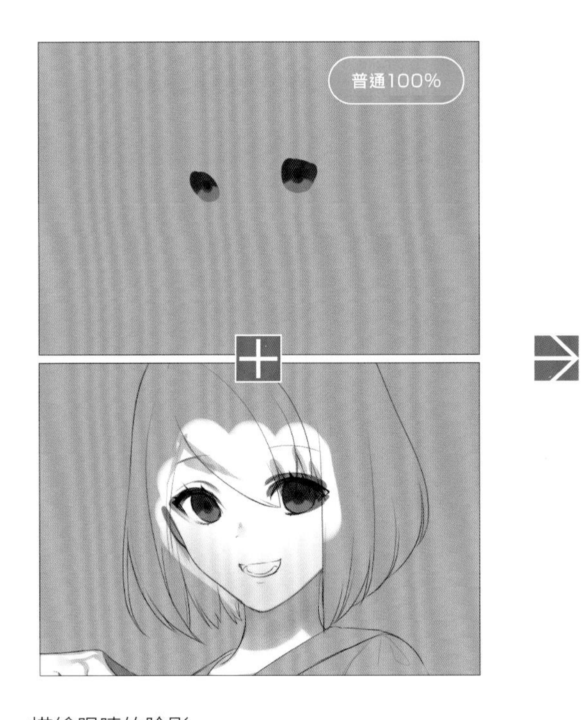

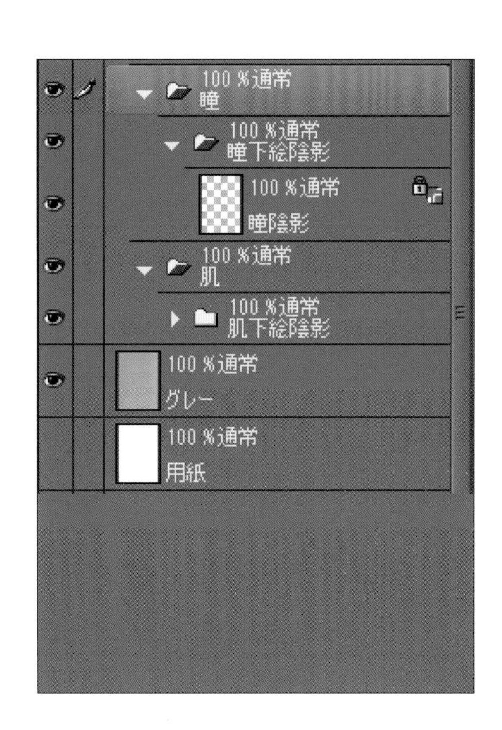

描繪眼睛的陰影。

我沒有疊加圖層，只用一個圖層完成。

眼睛的圖層是疊在剛才完成的肌膚陰影上面。

替襯衫、襪子、裙子塗上白色的底色。因為是重疊在肌膚上方，所以要顯示出線稿，避免塗出範圍。

顯示出肌膚和眼睛，檢查是否有超出範圍的顏色蓋過下方圖層的肌膚。

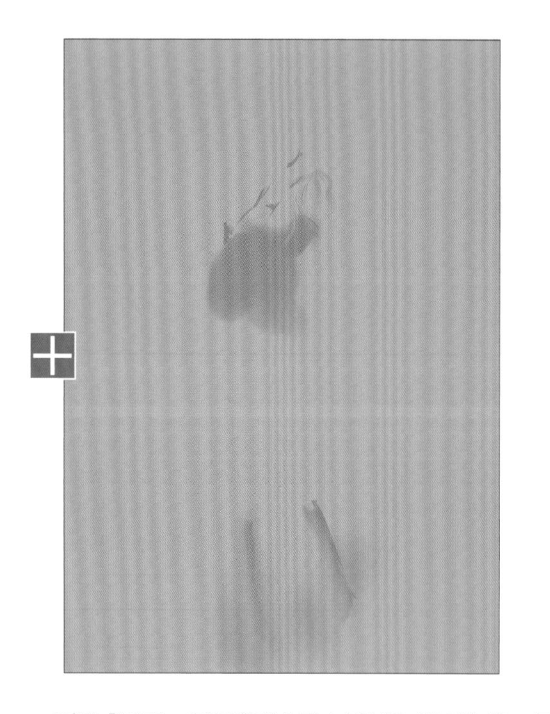

利用［用下一圖層剪裁］疊上襯衫和襪子的第一層陰影。

襯衫這種白色的部分，特別是肩膀處要靠影子來表現皺褶與立體感。

在上方疊加較淡的影子，襯衫的陰影就完成了。

白襯衫如果疊加太多層陰影就會失去潔淨感，所以大概２層就夠了。

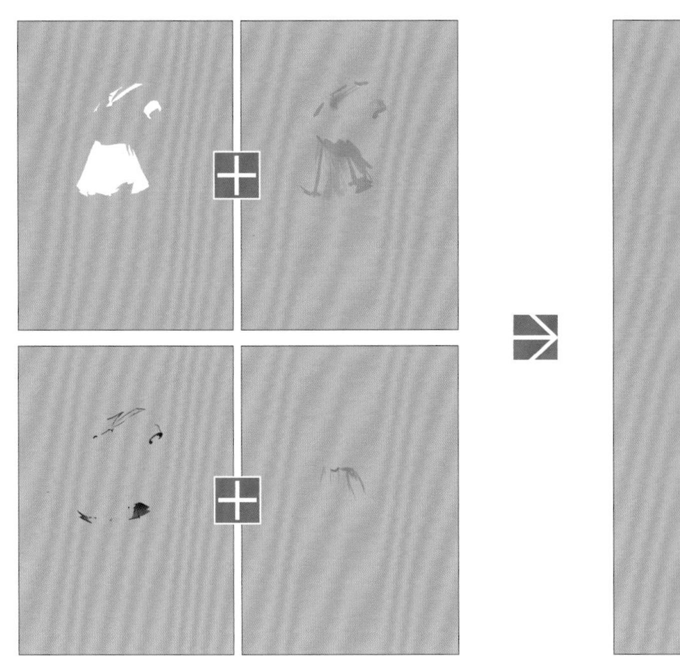

用［普通］模式替裙子和袖口等深藍色的部分疊上陰影。

分別描繪出裙子裙褶的陰影、布料內裡的陰影、布料皺褶造成的陰影、上半身造成的陰影等各種影子。

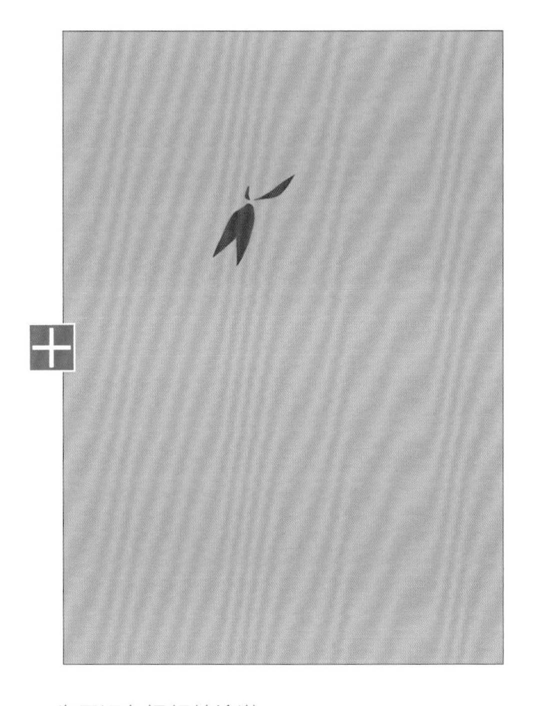

先用深色把領結塗滿。

就像打上亮光一樣，在深色的領結上疊加較淡的顏色，畫出細節。

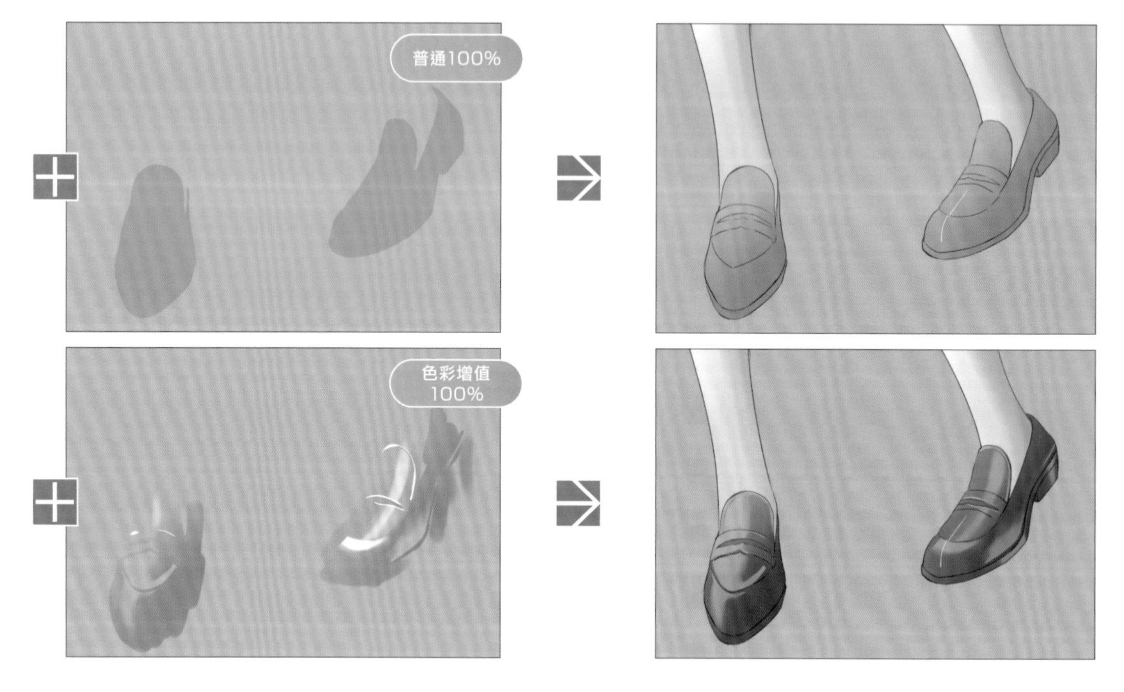

用［普通］模式替鞋子塗滿底色，再用［色彩增值］加上亮部與陰影。

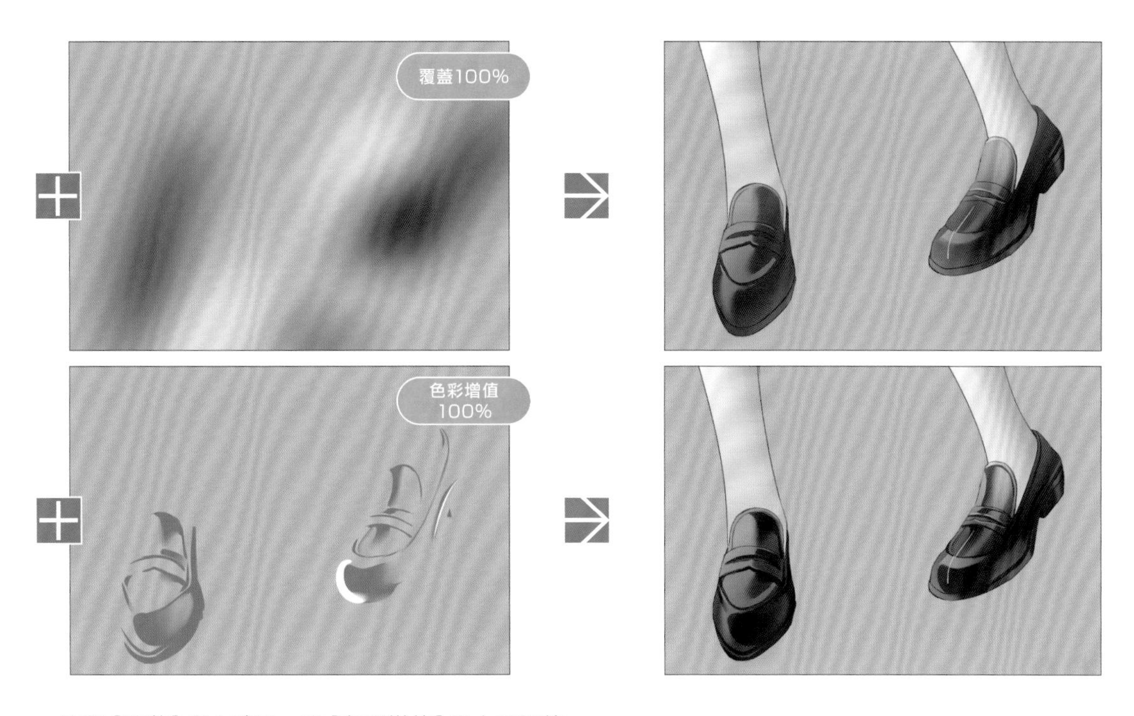

再用［覆蓋］疊上陰影，用［色彩增值］疊上更深的陰影。

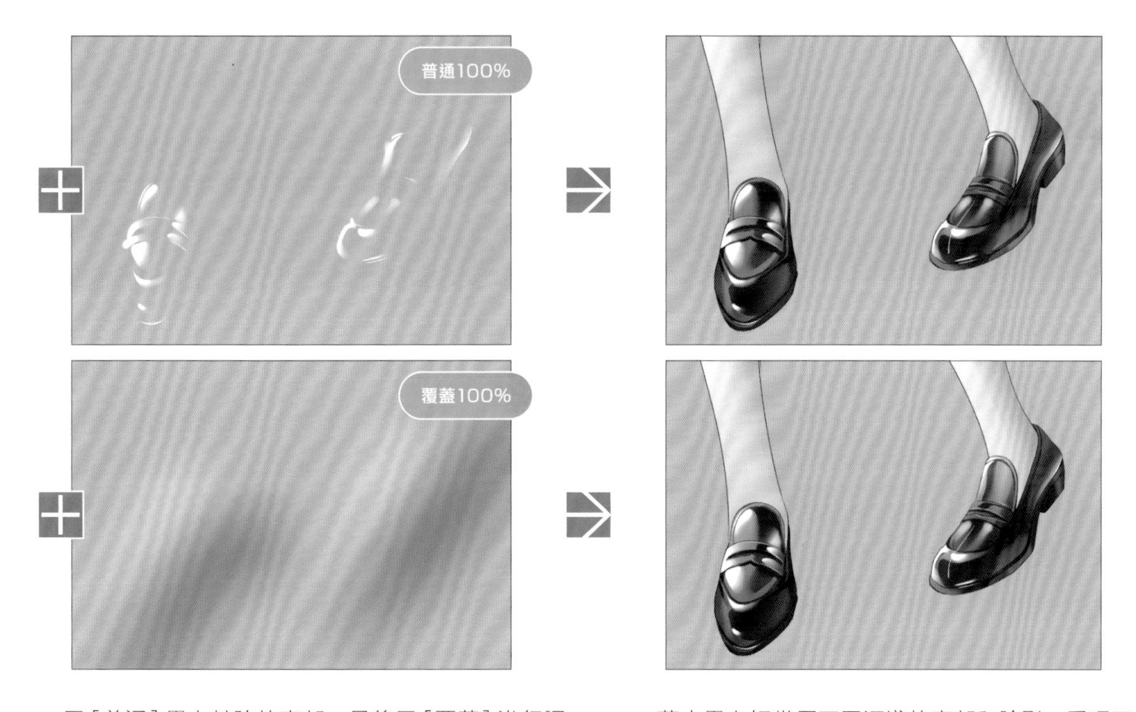

用［普通］疊上較強的亮部，最後用［覆蓋］進行調整。

藉由疊上好幾層不同深淺的亮部和陰影，重現了亮皮皮鞋特有的質感。

替頭髮塗上白色的底色，再用［普通］模式疊上陰影。

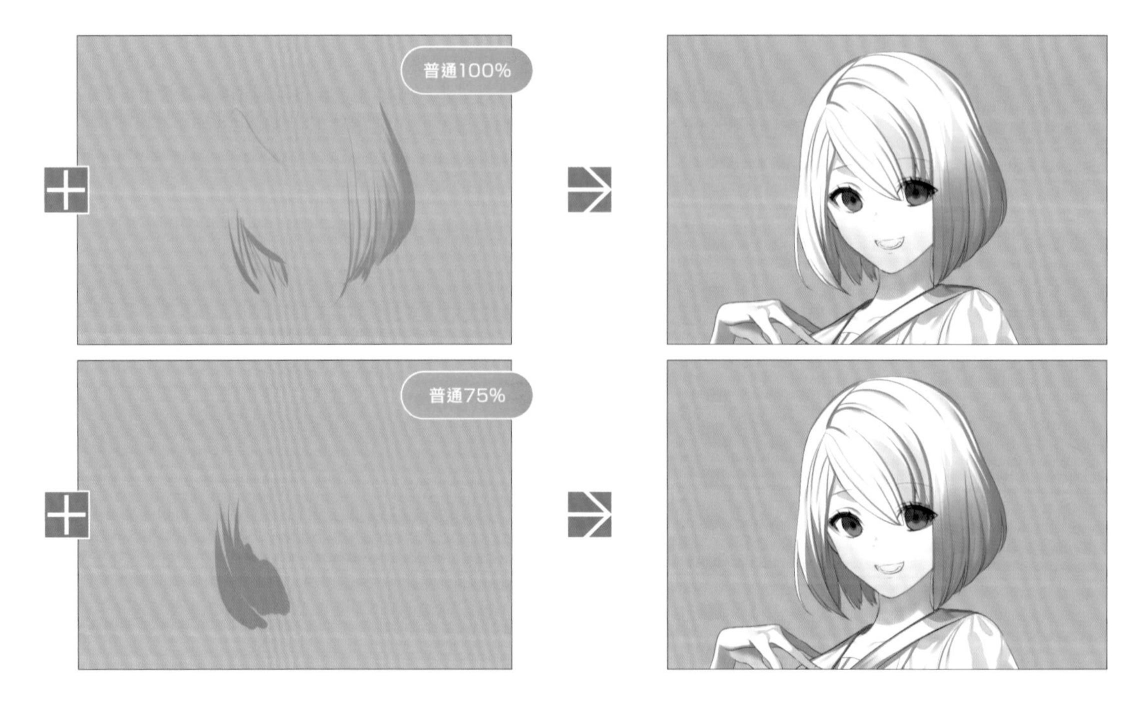

描繪頭髮時不只是陰影，也要畫出一束一束髮絲的質感。

我使用了更改過透明度的圖層來描繪陰影，但混合模式全部都是［普通］。

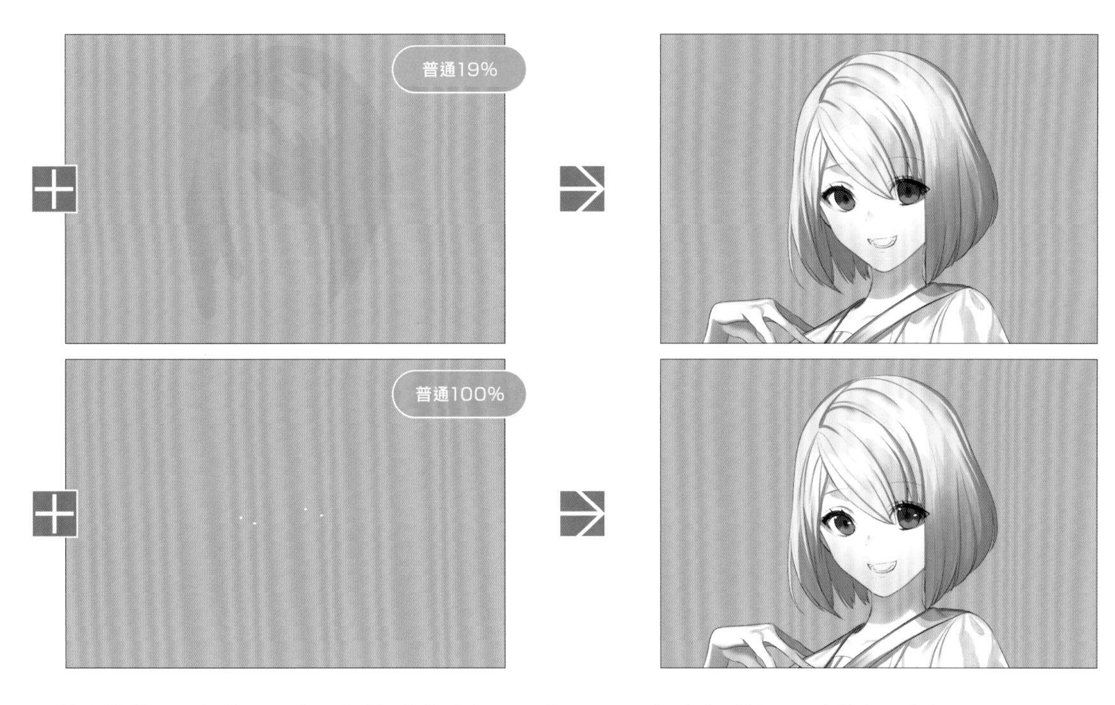

對新增於最上方的圖層使用［普通］模式加上眼睛的白色光點。

加上光點後，眼睛就有了生氣。

這麼一來，黑白底稿的陰影描繪就大致完成了。

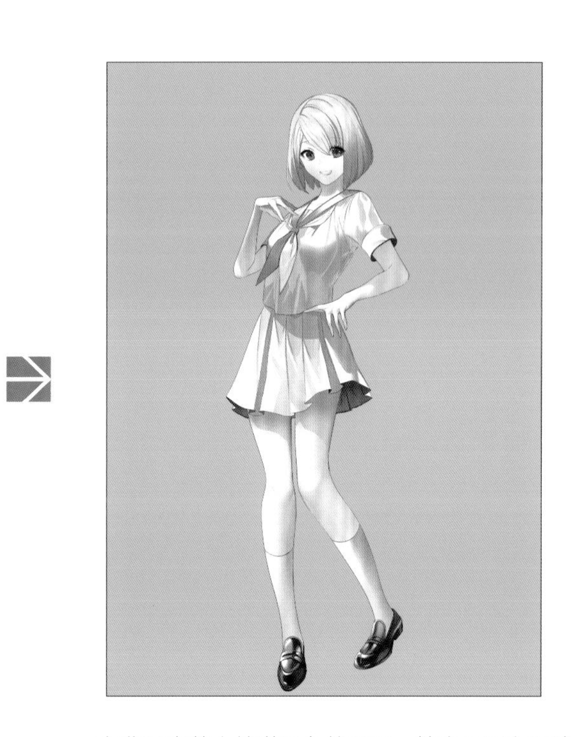

在背景處放上填滿單色的圖層，檢查是否有漏塗，以防萬一。

黑白底稿完成。

上色

開始上色之前，我會在圖層分開的狀態下把底稿另存新檔。在這之後，考量到上色時的處理，我會分別組合各部位的圖層，把它們統整起來（請參照右邊的圖層結構圖）。

接下來要以線稿和底稿的陰影為基礎，使用灰階畫法的方式上色，但這次不是厚塗的筆觸，所以要配合線稿，使用比較清淡的顏色上色。

100 %通常
瞳 ハイライト のコピー
100 %通常
線
100 %通常
まつ毛追加
100 %通常
線(目と口)
100 %乗算
主線(ボディ)
100 %通常
キャラ
100 %通常
髪
100 %通常
髪下絵陰影
100 %通常
服
100 %通常
靴
100 %通常
靴下絵陰影
100 %通常
リボン
100 %通常
リボン下絵陰影
100 %通常
スカート(紺)
100 %通常
スカート(紺)下絵陰影
100 %通常
シャツ&ソックス(白)
100 %通常
シャツ&ソックス(白)下絵陰影
100 %通常
瞳
100 %通常
瞳下絵陰影
100 %通常
肌
100 %通常
肌下絵陰影
100 %通常
グレー
100 %通常
用紙

顯示出依各部位區分成不同圖層的底稿。

一開始用［顏色］100%疊上肌膚的底色。

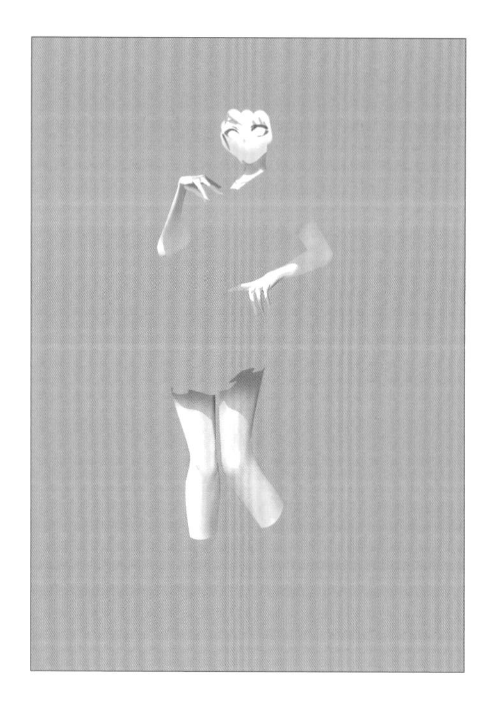

由於［用下一圖層剪裁］的效果，底色只會反映在肌膚的黑白底稿上。

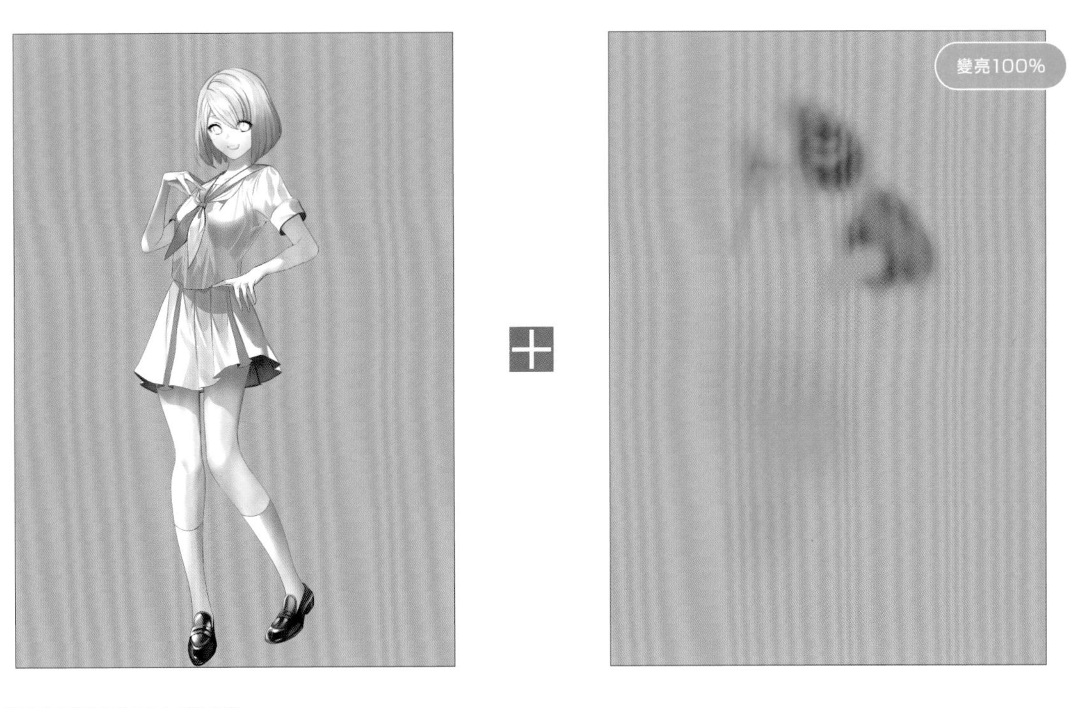

再用［變亮］加上陰影色。

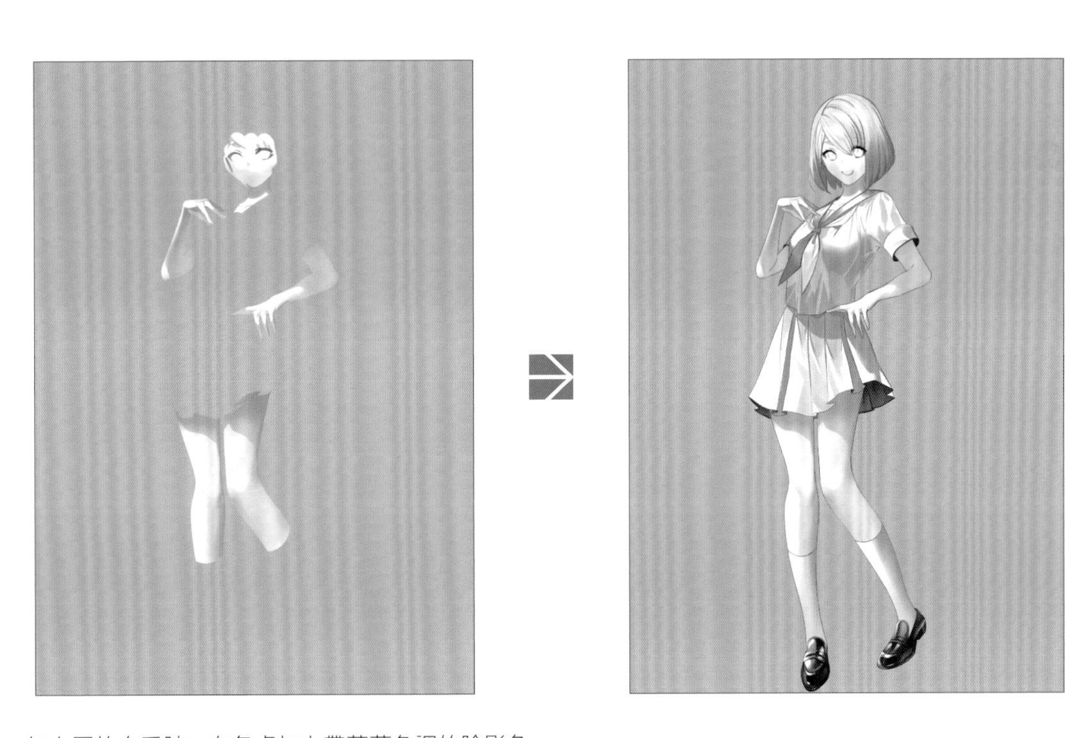

如上圖的右手腕，在各處加上帶著藍色調的陰影色就可以讓陰影更有層次。

用［變暗］32%畫上裙子和袖子落在肌膚上的陰影。

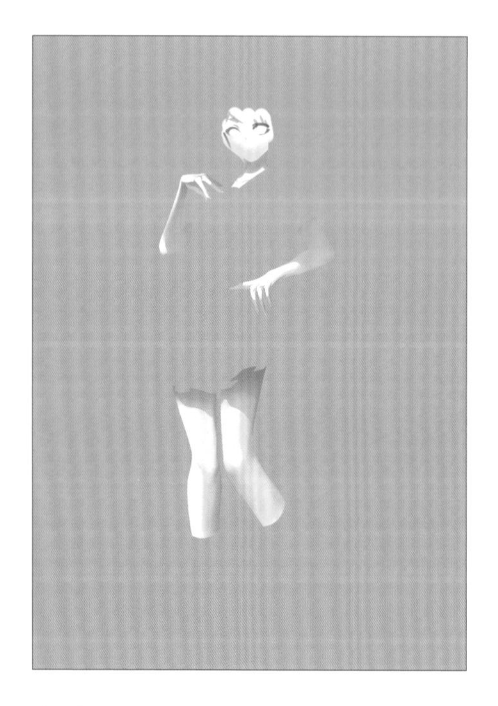

利用［用下一圖層剪裁］上色後的狀態。

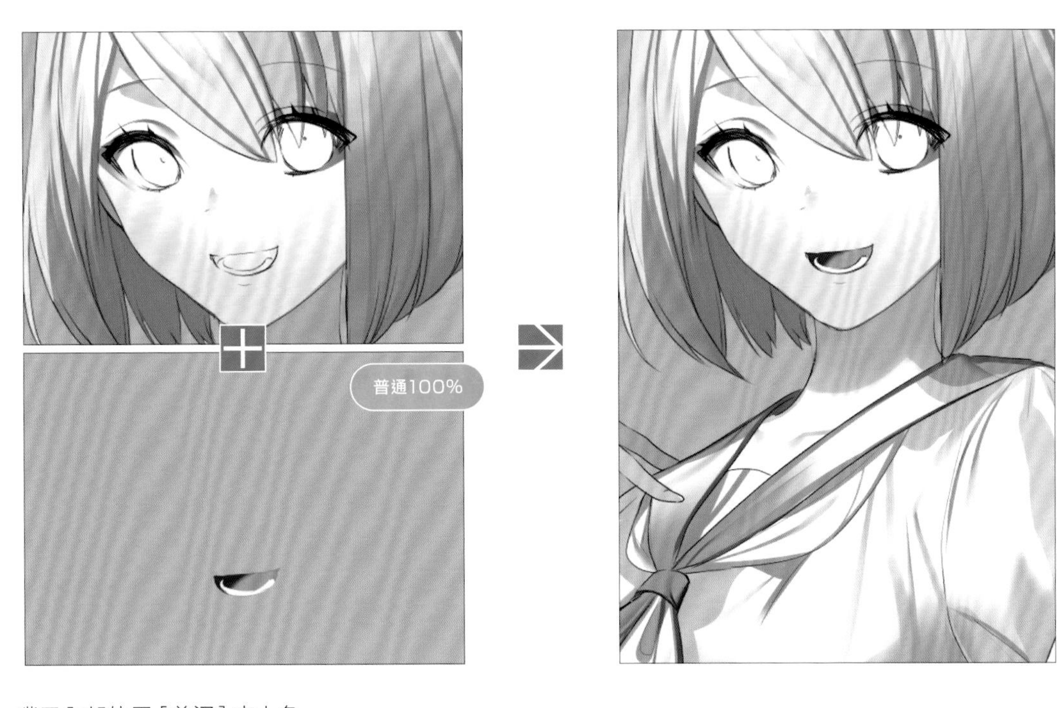

嘴巴內部使用［普通］來上色。

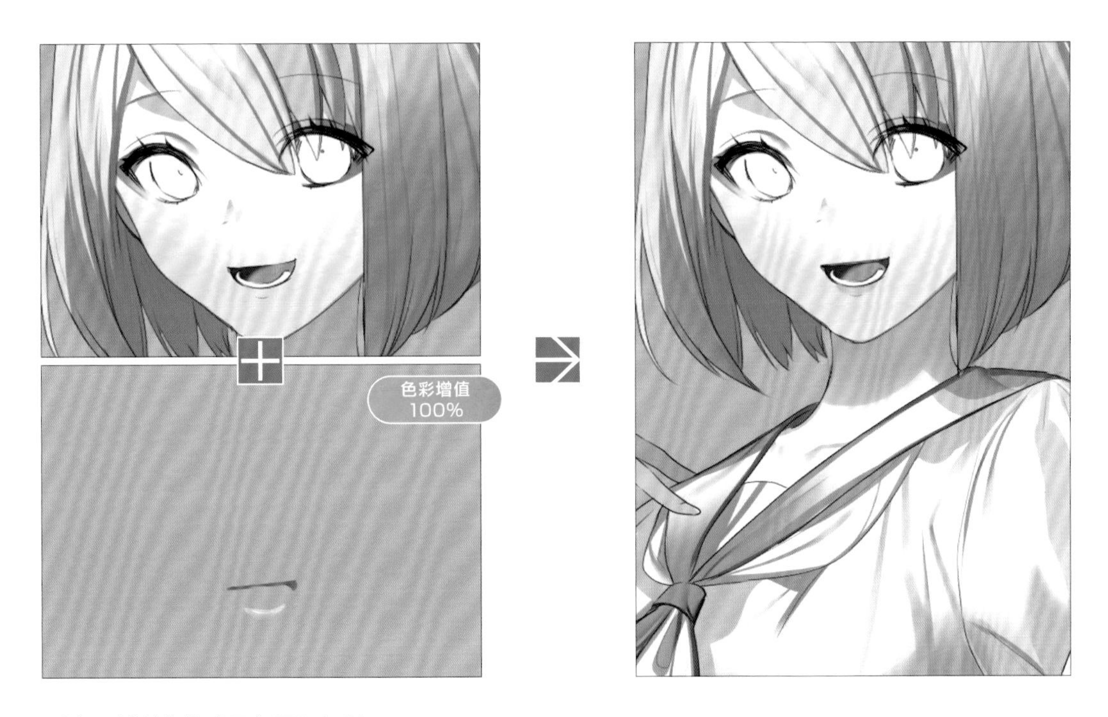

用［色彩增值］模式疊上唇部色彩。

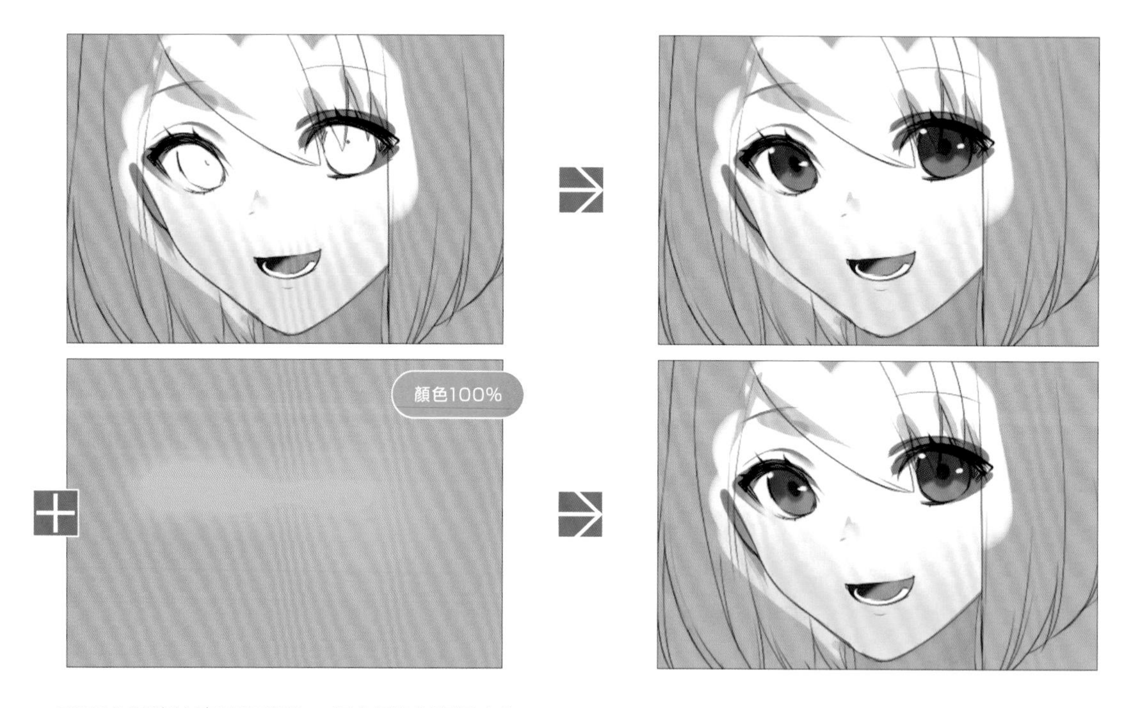

顯示出眼睛的底稿和光點，用［顏色］畫好底色。

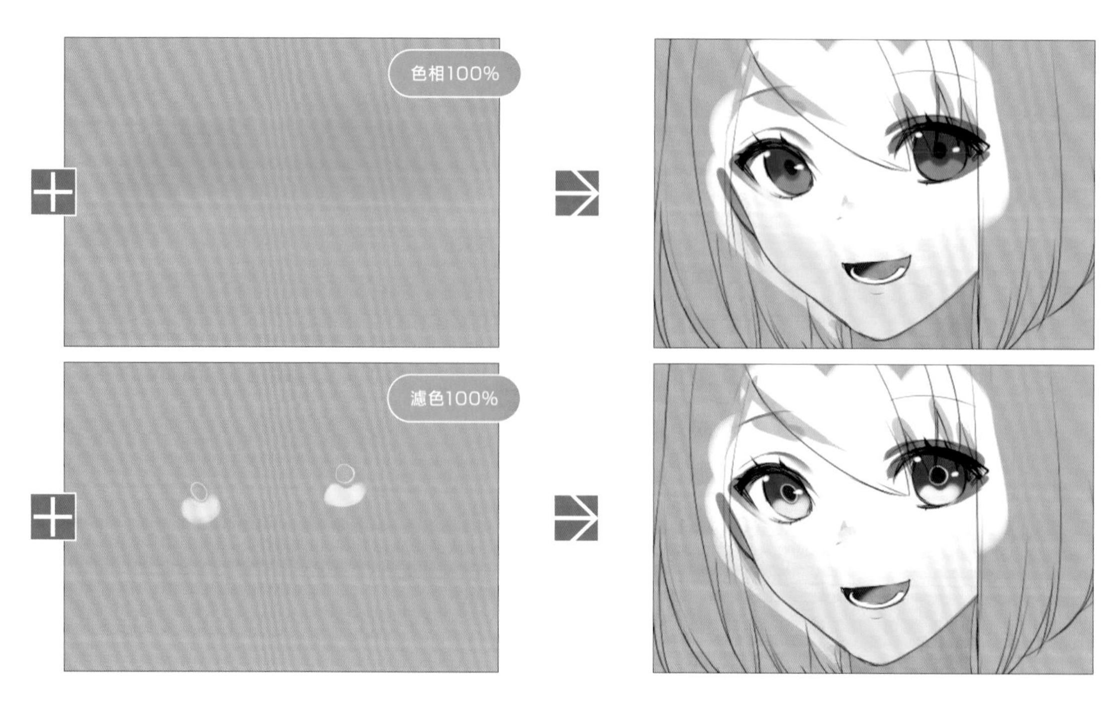

用［色相］模式疊上藍色，調整眼睛的顏色，瞳孔的輪廓和下半部的亮光則用［濾色］疊加。

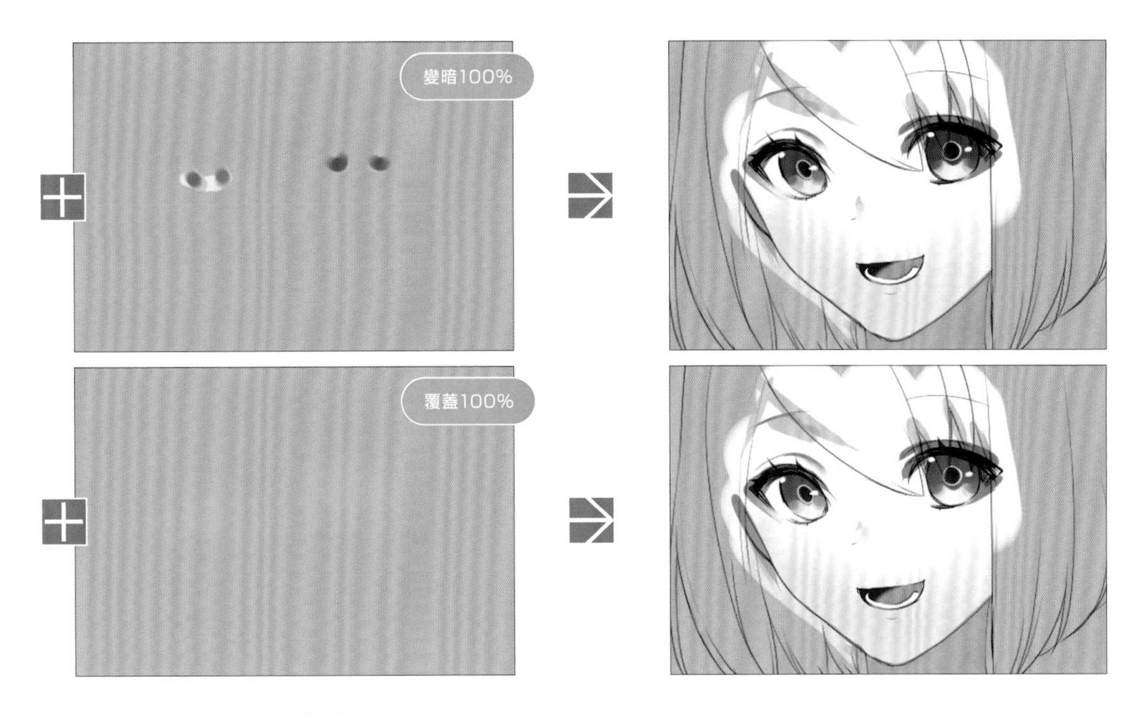

用［變暗］在亮部和底色的邊界添加色彩，再用［覆蓋］調整色調。

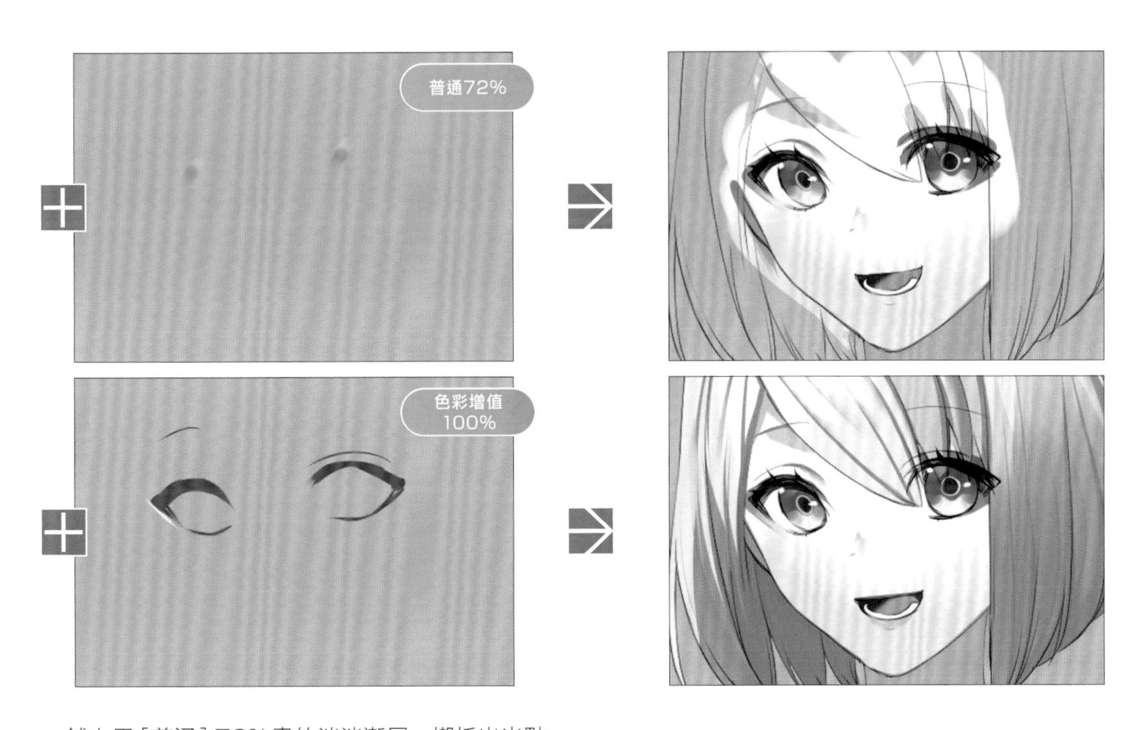

鋪上用［普通］72%畫的淡淡漸層，襯托出光點，再用［色彩增值］在眼睛周圍添加色彩，眼睛的上色就完成了。

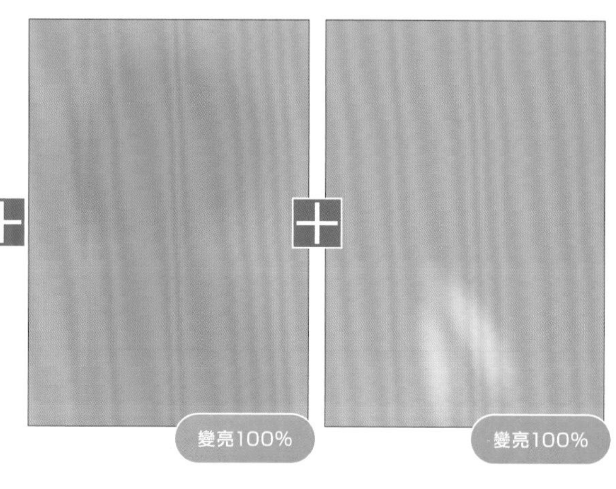

用［變亮］來替襯衫和襪子上色。

我不會用太鮮豔的顏色來畫襯衫和襪子，而是使用淡淡的色調。

我用微微混合著藍紫色的白色來畫襪子，色調甚至比黑白底稿的時候還要亮。

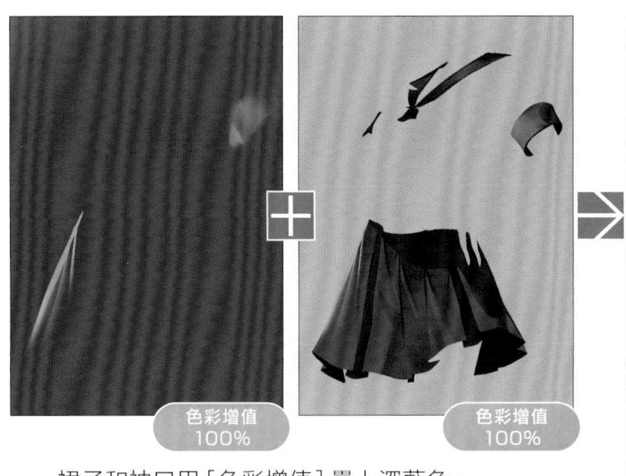

裙子和袖口用［色彩增值］疊上深藍色。
考慮光源的位置，另外加上亮部。

裙子在底稿的階段就已經用不同的深淺畫好陰影，所以反映出來的顏色一如預料。

領結也只是用［色彩增值］疊上一個塗上紅色的圖層，因為底稿的陰影畫得適當，所以顏色的呈現也一如預料。

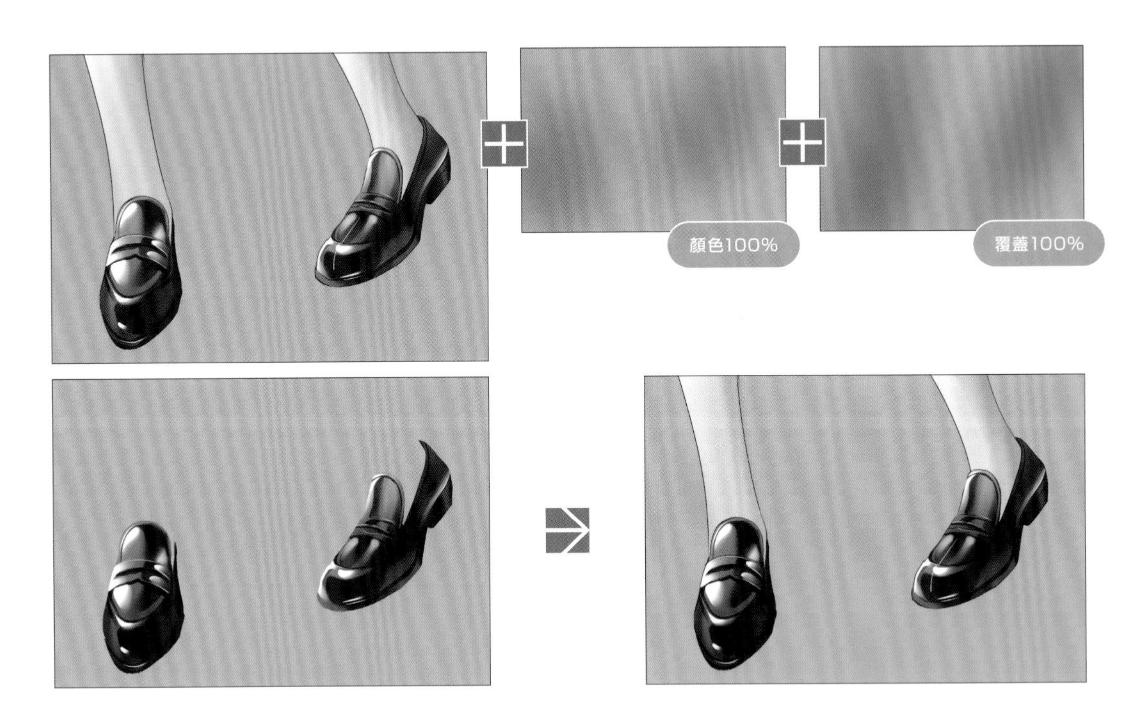

使用［顏色］和［覆蓋］替鞋子加上紅色和藍色，把鞋子染成色調沉穩的紫色漸層。

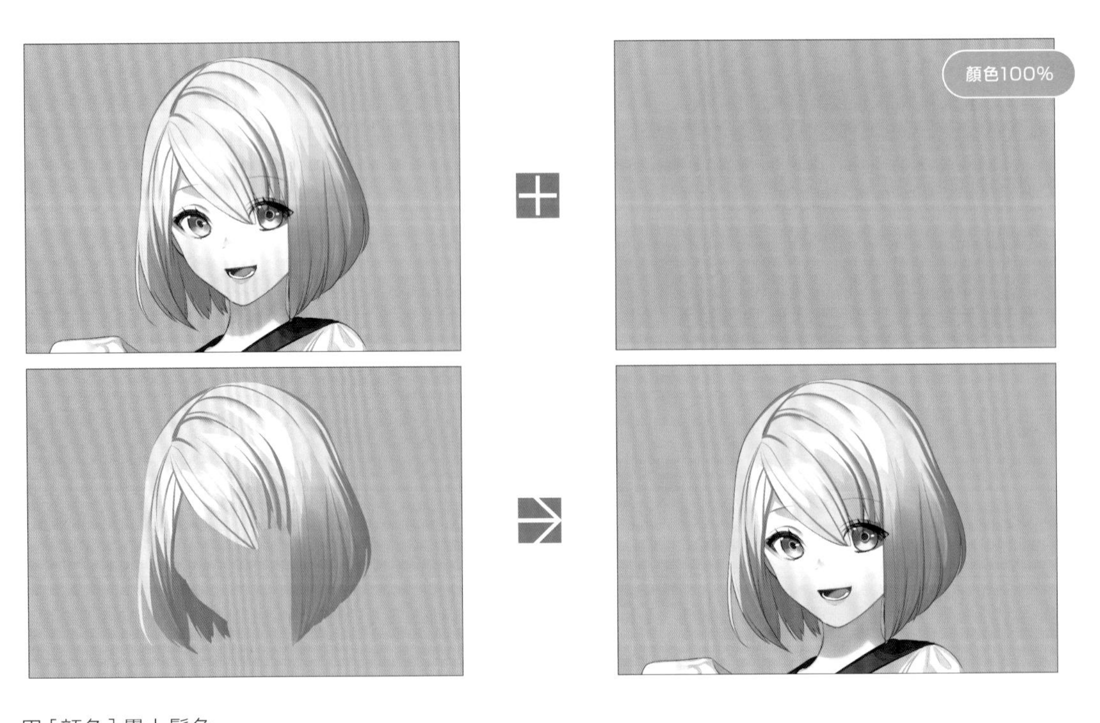

用［顏色］疊上髮色。

底稿的亮部是用［H＝0,S＝0,V＝100］的白色繪製的，所以用［顏色］模式畫好的粉紅底色不會反映在上面。

第5章 範例2 複合式作品

用［覆蓋］提升整體的彩度，並在陰影中加入紫色。

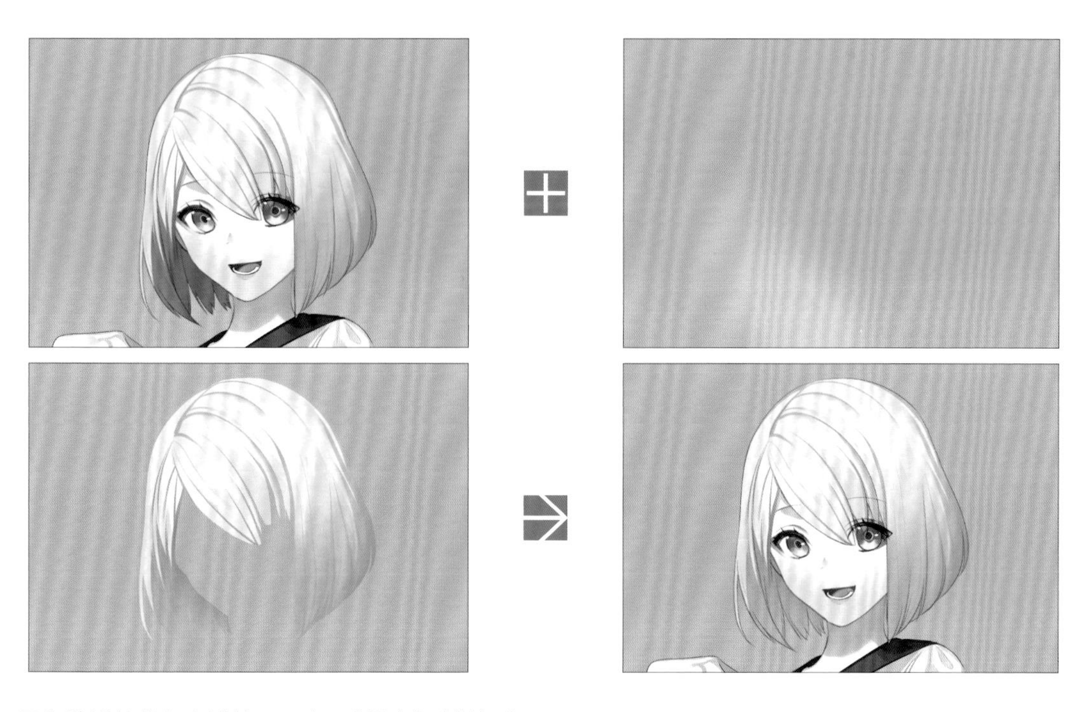

因為陰影的紫色太鮮豔了，我用［變亮］稍微加上一點白色做調整。

角色部分的上色到此結束。

5 加上背景

我原本只打算畫角色，不過後來決定也加上背景。照目前的狀態看來，角色就像是浮在半空中，於是我把位置往下調。

要在事後加上背景的話，盡量別露出腳下比較容易掩飾透視的怪異之處。

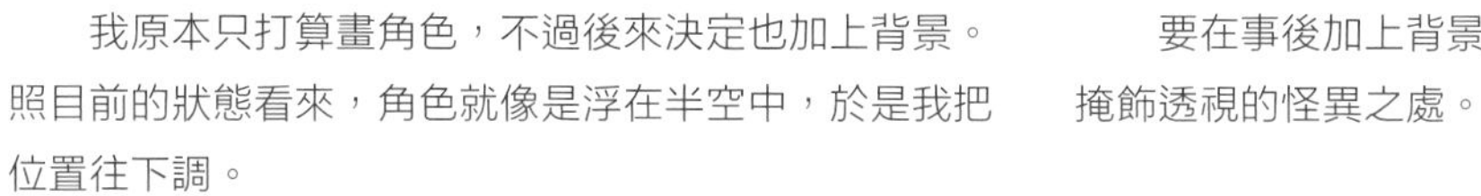

設定水平線，配合線條決定地面等景物的位置。

用單色填滿海洋和堤防。

在腳下畫上陰影。

畫上閃閃發亮的海面。

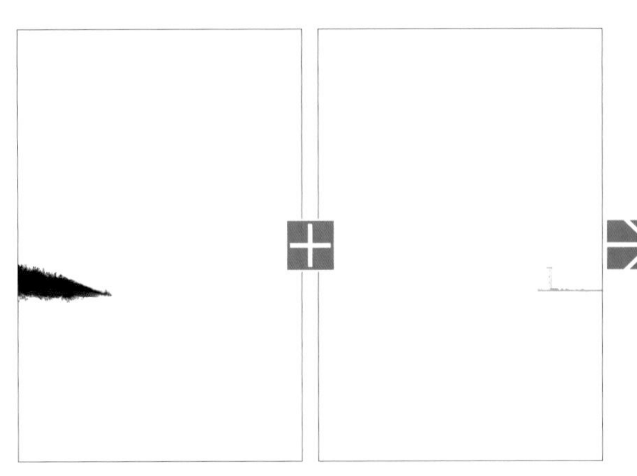

活用空氣遠近法，畫上島嶼和燈塔。

繪製天空。

考量角色的位置，畫上雲朵和劃過天空的飛機雲。

沿用繪製黑白底稿的陰影時標示的光源箭頭，決定太陽的位置。

用［色彩增值］替堤防畫上陰影。

用［濾色］在堤防邊緣等處加上亮色，逐步增強立體感。

試著同時顯示角色和背景。

我覺得畫面有點單調，於是決定加上一點特效。

這次我也使用了在範例1用過的「飛沫」。

雖然放大後才能勉強看出效果，卻使畫面稍微增加了一點「空間感」。

我也在這幅作品中加上了範例1用過的折射光和光暈，讓畫面更華麗。

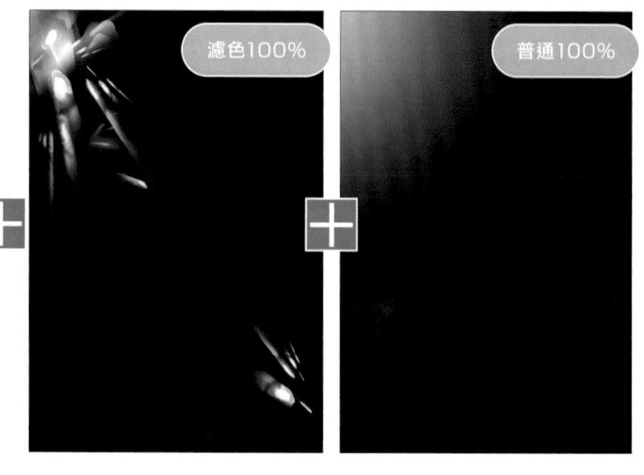

我用［濾色］疊上比範例1還要多上許多的折射光，最後再用［普通］加上用白色淡淡描繪的光暈。

這是加上所有特效的成果。

比起天氣晴朗的背景，當初上色時沒有考慮到要畫背景的角色，在色調上似乎有點單薄。

於是我複製了角色部分的圖層，把它們組合成一張再用［加深顏色］30%疊加上去，強調色彩的對比。

範例２ — 融合線稿和灰階畫法的複合式作品完成了。

第6章

範例3 和服人魚

針對顏色容易黯淡的灰階畫法，
疊上調整圖層和特效，
創作出華麗絢爛的插畫。

打草稿

第6章是最後一個範例，我打算描繪可以表現液體等特殊材質質感的作品。

另外我也想把3D物件的導入、和風氛圍、密度高的畫面呈現等先前的範例中不包含的要素盡量融入這幅作品。

以下是和畫法無關的題外話，我如果在作畫過程中對作品不滿意，都會毫不猶豫地重畫。範例3也有大幅重畫，我認為能乾脆地推翻自己，對作品品質的提升是有幫助的。

把上述的課題盡量融入發想，我最後決定用「和服人魚」當作範例3的主題。

我讓人魚手持和傘，而和傘是以3D模型透過［提取邊緣］所繪製而成。

［提取邊緣］是CLIP STUDIO PAINT EX才具備的功能，但本章會解說用CLIP STUDIO PAINT PRO提取同樣邊緣的方法。

另外，我也使用了增加畫面密度的［裝飾筆刷］，關於［裝飾筆刷］的設定請參照第7章的解說。

上圖是網羅許多課題的作品「和服人魚」的草稿。我想要把即興發揮的感覺融入細節和飾品等地方，所以從如此粗略的草稿開始畫起。

2 骨架線稿

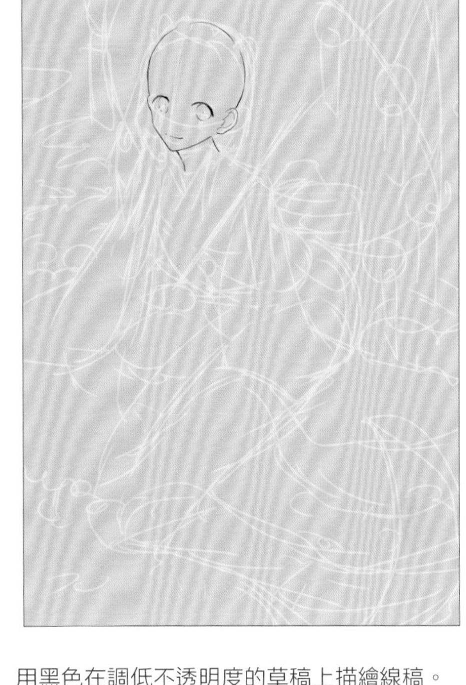

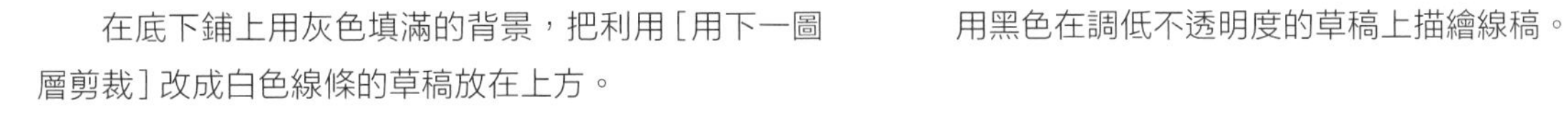

在底下鋪上用灰色填滿的背景，把利用［用下一圖層剪裁］改成白色線條的草稿放在上方。

用黑色在調低不透明度的草稿上描繪線稿。

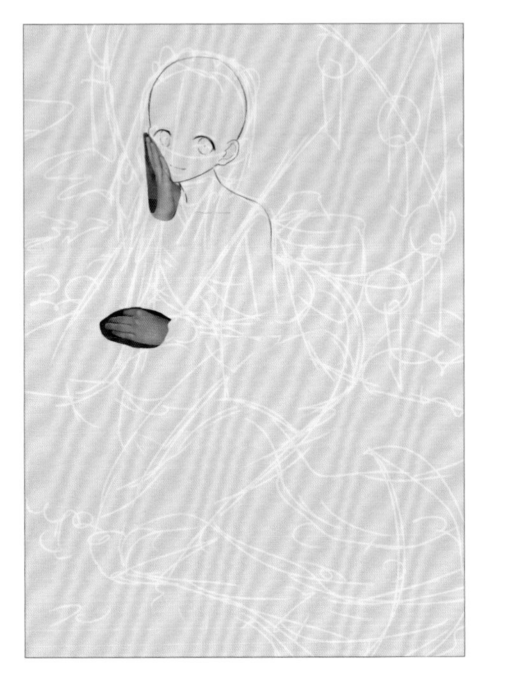

這次我沒有使用「自拍」的方法，只有不擅長描繪的手部是採用過去拍攝的照片。

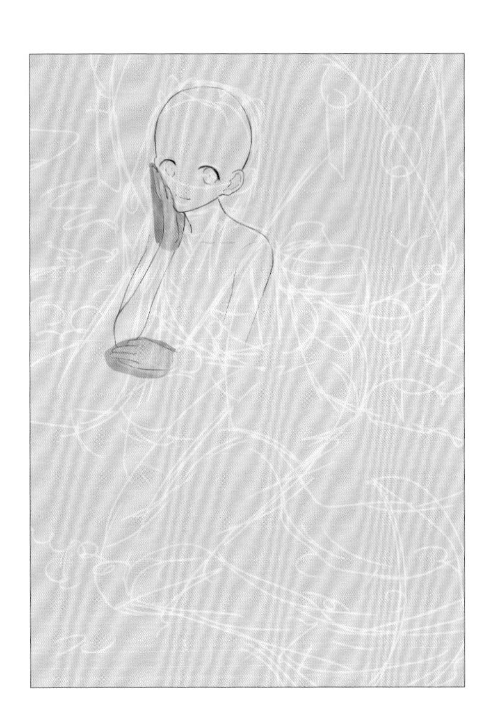

只有一部分是描摹的情況下，要在描繪時特別注意草稿的線條和照片是否能自然接合。

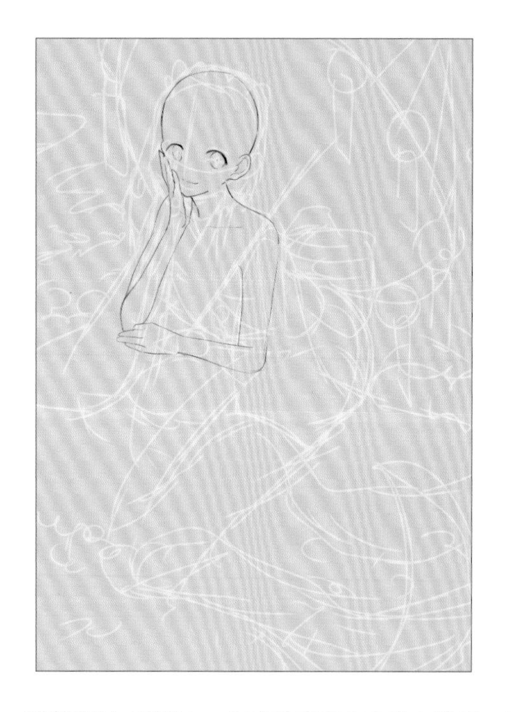

雖然說是「線稿」，但由於會在上方疊上陰影，所以稱為「骨架」或許會比較正確。

畫好身體後，我會檢查是否有不諧調的地方，但如果被衣物遮住的地方沒有很嚴重的破綻，我就會繼續描繪下去。

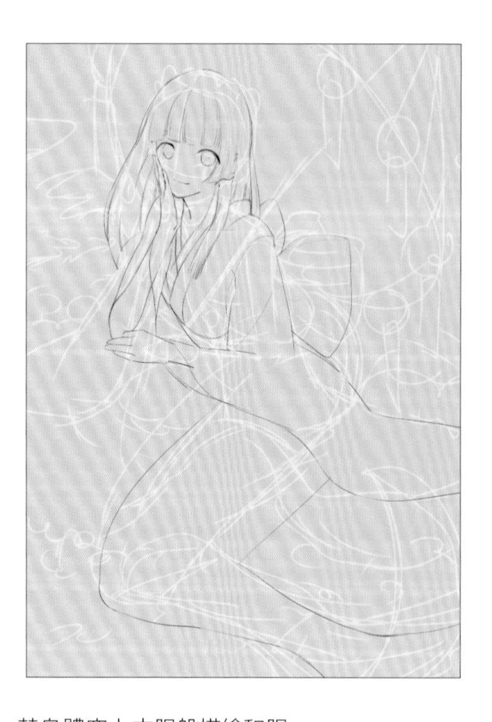

替身體穿上衣服般描繪和服。

角色的「骨架線稿」完成。

導入3D模型

人魚手持的和傘是以免費素材的3D模型來繪製。

很可惜的是，從3D模型自動產生線稿的［提取邊緣］功能只有CLIP STUDIO的進階版 — EX才具備。為了不是使用EX版的使用者，這裡將介紹PRO版也能使用的線稿產生方法（※範例3本身是使用EX版的提取邊緣功能）。

從［素材面板］點選［尋找追加素材］，開啟［CLIP STUDIO ASSETS］。

在搜尋欄輸入「和傘」，找到符合目的的素材。

CLIP STUDIO的ASSETS會上傳豐富的素材，試著搜尋就可以找到某些素材，非常實用。

搜尋結果如右圖。

其中剛好有一位名叫toshi☆的作者所製作的免費3D模型，於是我馬上下載下來。

點擊縮圖，開啟下載頁面，然後點擊［下載］的按鈕。

請先確認會不會牴觸到是否可用於商業用途、版權標示的有無等使用限制。

關閉［CLIP STUDIO ASSETS］，然後點選［素材面板］的［Download］。

如果有順利下載，畫面應該會像右圖一樣顯示出和傘物件的縮圖。

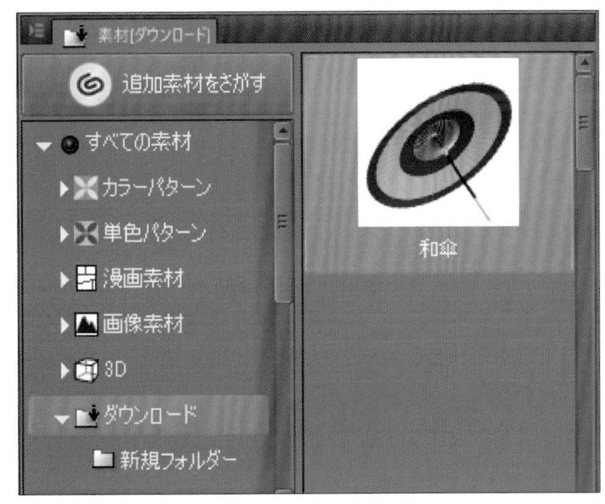

點選縮圖，直接拖曳並放進畫布，和傘物件就會變成新圖層進入畫面中了。

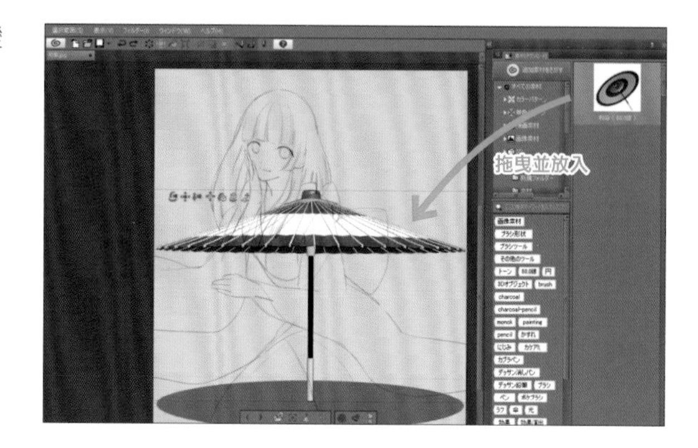

開啟和傘物件的［工具屬性］，把［受光源影響］（右圖黃框內）取消勾選。

取消光源的影響，物件就會顯示出沒有漸層的清晰色塊。

這麼一來細小的零件和輪廓就不會融入周圍的色彩，更容易透過色域來選擇範圍。

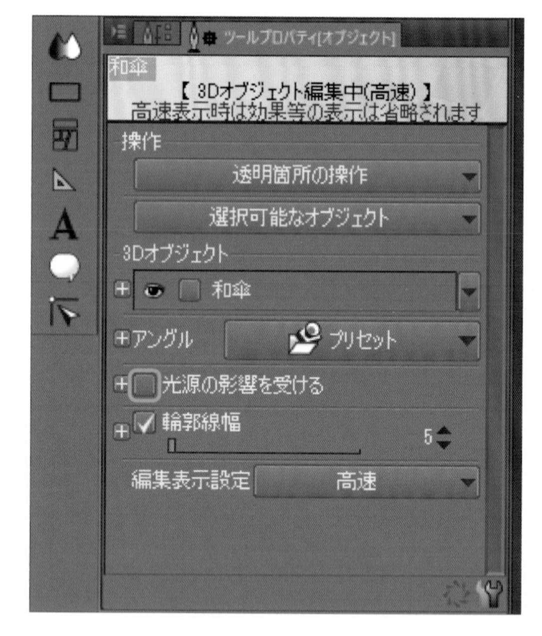

把人魚的骨架線稿顯示在上方，操作［Movement Manipulator］、［Object Launcher］、［Manipulator Gizmo］，把和傘物件調整到想要的位置和角度。

只要把游標移到［Movement Manipulator］和［Object Launcher］的各個圖示上，該功能的解說就會跳出。

剛開始操作［Manipulator Gizmo］可能會讓人有點困惑，但只要習慣了就非常方便，所以我建議常用3D物件的使用者可以學會它的操作方式。

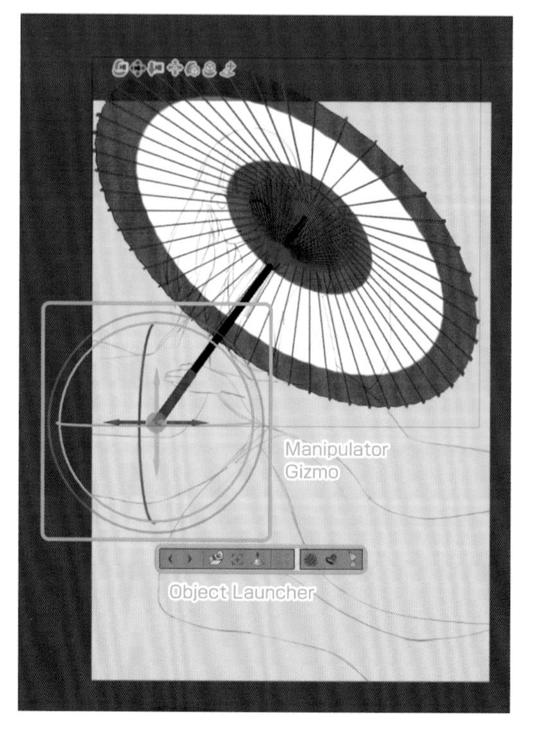

和傘物件的位置決定好之後，新增圖層，把和傘物件的圖層與之組合，轉換成［普通］圖層的圖像。

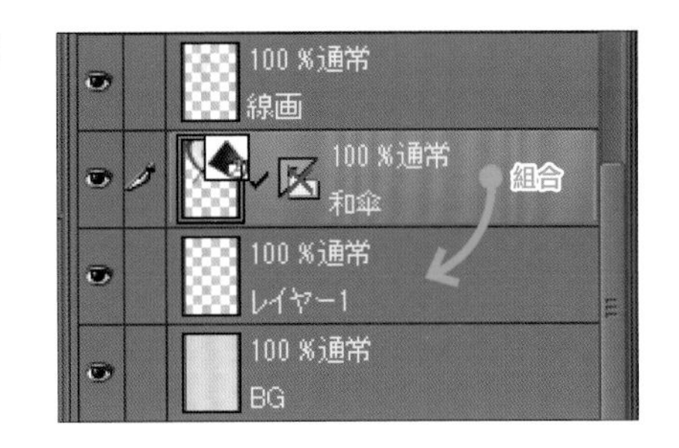

開始提取線稿。

使用［自動選擇］或［色域選擇］，選擇每一個顏色的範圍。

因為先前已經在3D物件的［工具屬性］取消了［受光源影響］，所以能夠完整選取整個色彩範圍。

無法順利選取的時候，調高圖像的對比度或是調低顏色的允許誤差就可以解決問題。

選擇顏色後，使用［選擇範圍］>［縮小選擇範圍］來將範圍縮小2px。

這些2px的非選擇部分就會變成線稿。

［刪除］每個顏色，利用［用下一圖層剪裁］把線條改為單色（黑色）之後就會變成右圖的樣子。

雖然會殘留細小的雜訊，多少需要額外的處理和修補，卻也成功轉換出不輸給EX版［提取邊緣］的線稿。

4 底稿的陰影

把使用［提取邊緣］做出的和傘線稿與人魚重疊在一起。

延長傘柄，塗滿和人魚相同的底色。我把背景改為更暗的灰色，讓範圍更明顯。

畫上和傘落在人魚身上的陰影。

避開亮部，塗上頭髮的底色。

替肌膚加上陰影。

加上眼睛的底色。

畫上瞳孔與漸層。

加上嘴唇和頭髮內側的陰影。

替傘柄加上陰影。

我覺得人魚的姿勢似乎有點缺乏動感，於是補畫上隨風飄揚的髮絲。

描繪和服的陰影。

加上左手的陰影和落在和服上的影子。

決定下半身和水面的界線，畫出大概的區隔。

替水面下的所有部分加上陰影色。

在吃水線上描繪水的反光。

替下半身畫上鱗片。

用陰影畫出鱗片特有的光滑感。

擦掉超出袖口和衣襬的陰影，進行調整。

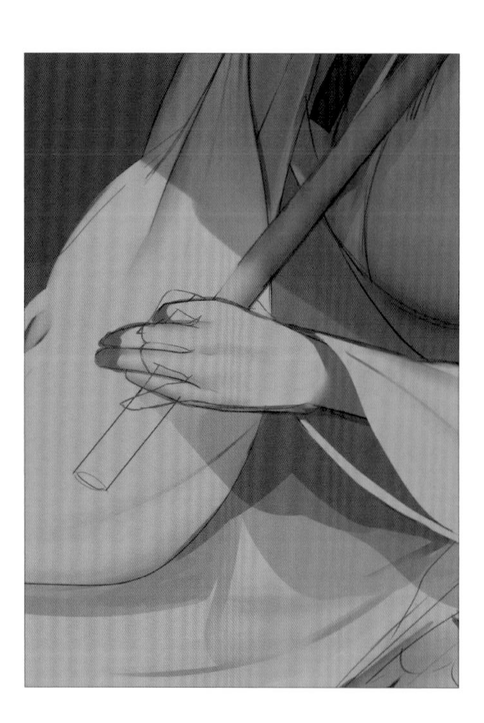

因為左手只是靠在傘柄上，不太自然，所以我把它修改為握著傘柄的手勢。

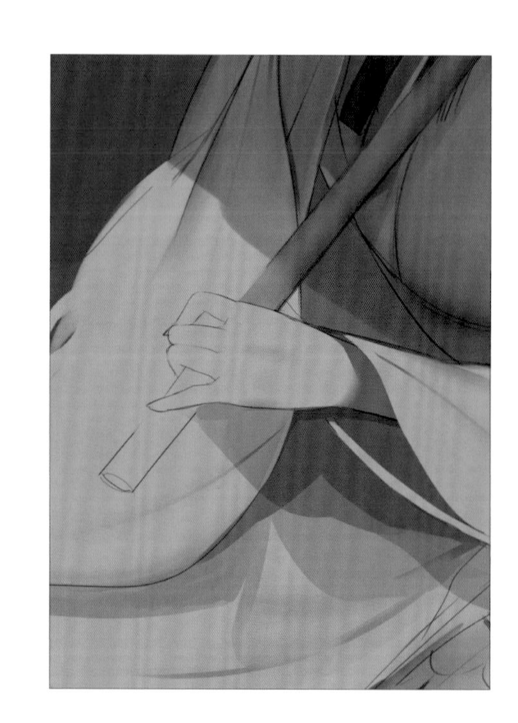

畫好輪廓之後，我用底色蓋過原本的手部，組合新左手的輪廓。

在胸部和左邊上手臂附近的影子上疊加淡淡的白色，描繪陰影。

替整個水面加上反光。

在瀏海畫上反光和陰影。

把浮出水面的一部分衣襬改畫成完全沉入水中的模樣。

設定光源。

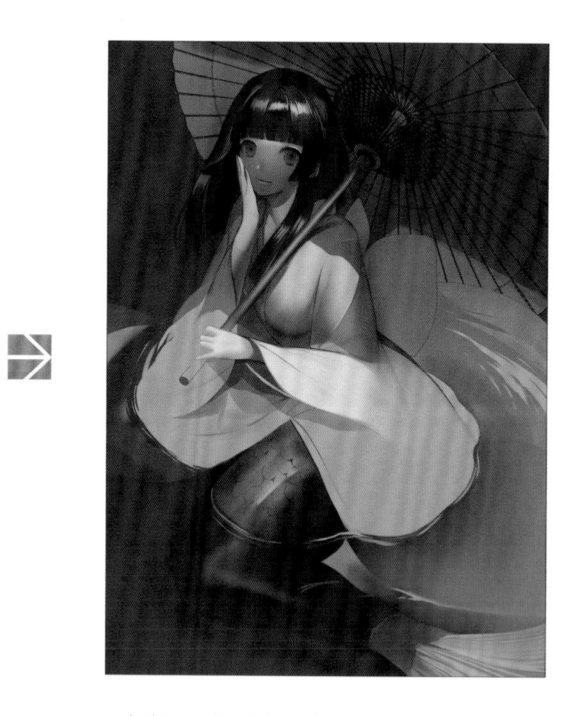

配合光源，把受光處的顏色疊加得更亮。

描繪掛在和傘上的風鈴。
一開始用黑色塗滿輪廓。

在上面疊加亮色，深入描繪細節。

替風鈴加上最後的陰影。

加上紙片。
也替紙片畫上陰影。

複製風鈴，沿著和傘的邊緣排列。

為了消除複製感，我對紙片的部分做了左右反轉等變形處理。

把塗滿白色的圖層放在最上層，調整成半透明顯示，在上方的新圖層描繪頭飾的輪廓。

移除半透明的白色圖層，塗上頭飾的底色。

因為頭飾是會透光的輕薄布料，所以我不會畫上太深的陰影色。

加上陰影，逐步完成頭飾。

在受光的地方疊上淡色。

因為頭飾是輕薄的布料製成的，所以我不會加上輪廓太鮮明的亮部。

追加緞帶。
在別的圖層描繪輪廓並塗滿底色。

利用［用下一圖層剪裁］加上陰影。

在眼睛的下半部添加反射的亮光。

加上雙眼皮的線條，在上眼皮追加陰影。

逐步完成和服的陰影。

我先前搞錯了袖子的縫線位置，因此重新畫在正確的位置。

修改過後，皺褶和陰影也要重新描繪。

畫上和傘的傘骨造成的陰影。

替整支和傘追加陰影。

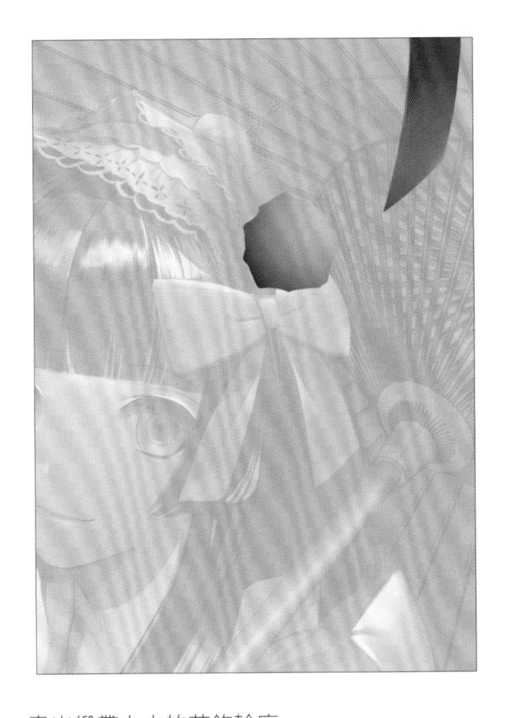

畫出緞帶上方的花飾輪廓。
之後還會調整位置和尺寸。

在輪廓上加上線條。

加上陰影。

把畫好陰影和亮部的花飾擺到想要的位置上，調整尺寸。

替傘骨和頭飾等細節添加亮部。

在臉頰處也加上一點照明感。
用白色替頭飾追加細節。

替每一片鱗片畫上陰影，在邊緣處加上亮部，營造出厚度感。

水面下的鱗片不畫陰影。

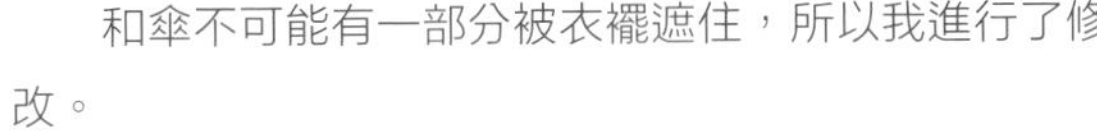

和傘不可能有一部分被衣襬遮住，所以我進行了修改。

把原本被遮住的和傘輪廓線複製到別的圖層，疊到上方。

塗上底色並加上陰影，與原本的和傘結合。

替袖子加上皺褶的陰影。

黑白底稿的基礎完成了。從這個時候開始要進入上色階段，然後再繼續添加細節。

4 上色

將底稿的圖層組合為一張，開始上色。

觀察反映在底稿上的效果，在上方［顏色］模式的圖層中疊加色彩。

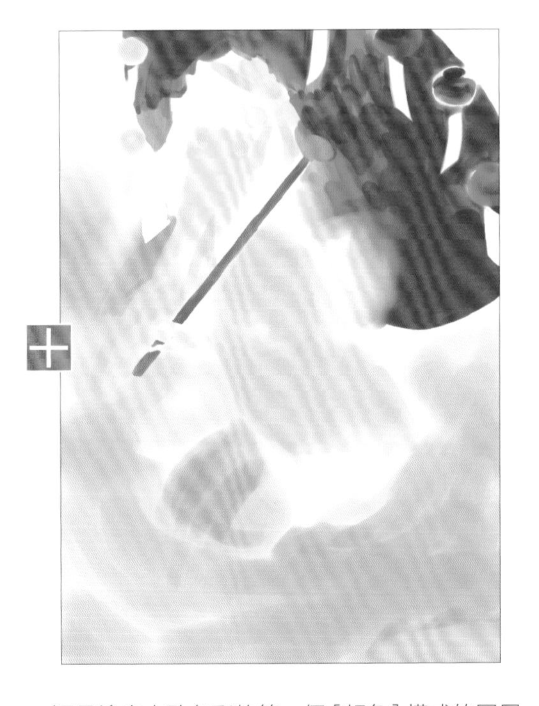

這是塗完大致色彩的第一個［顏色］模式的圖層。

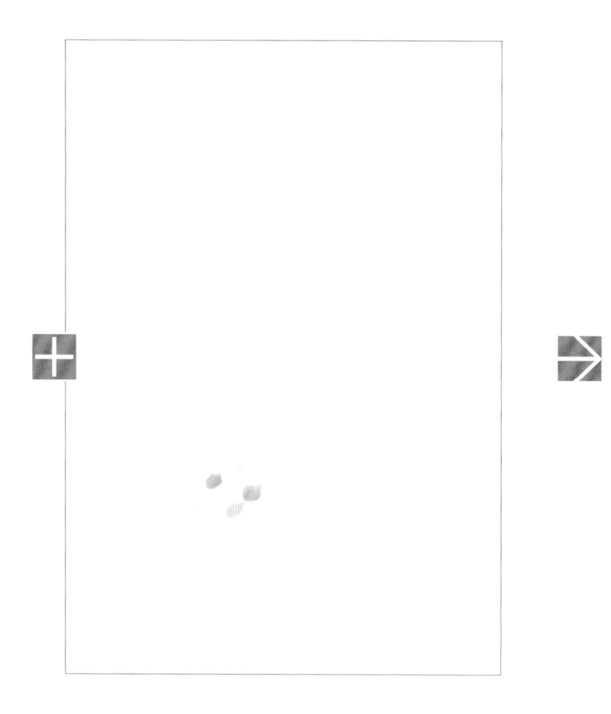

用［顏色］模式替鱗片加上顏色。

因為目前還是灰階畫法特有的黯淡色調，所以要加上調整圖層。

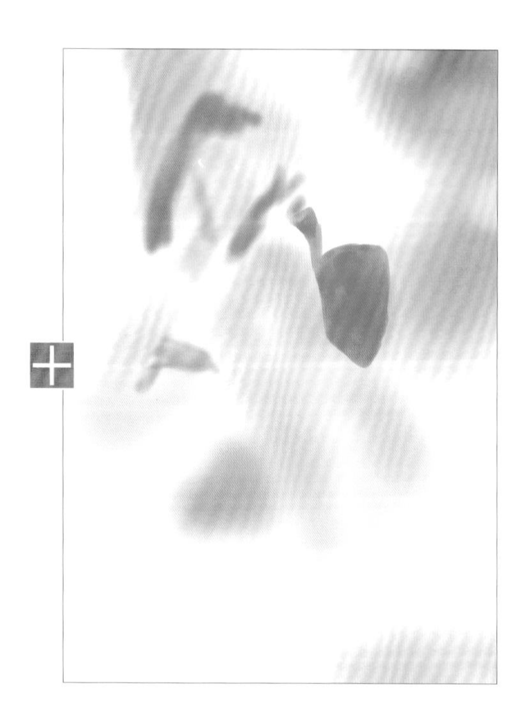

調整圖層是用［覆蓋］模式來描繪。

色調變得明亮且鮮豔了。

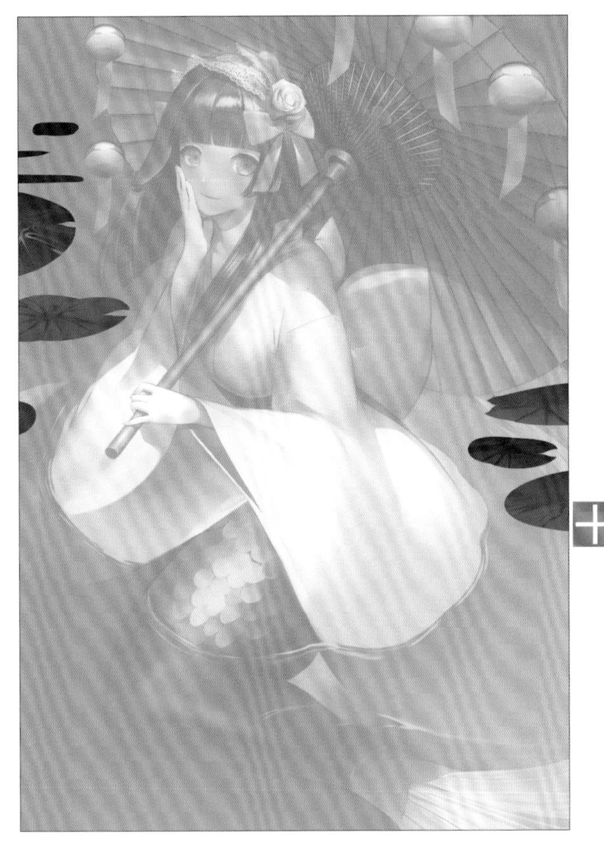

用灰色畫上浮在水面的水草。

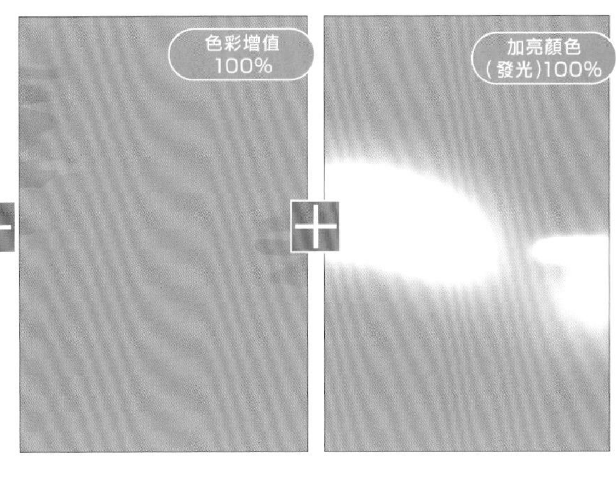

利用［用下一圖層剪裁］，疊上［色彩增值］和［加亮顏色（發光）］，強調陰影。

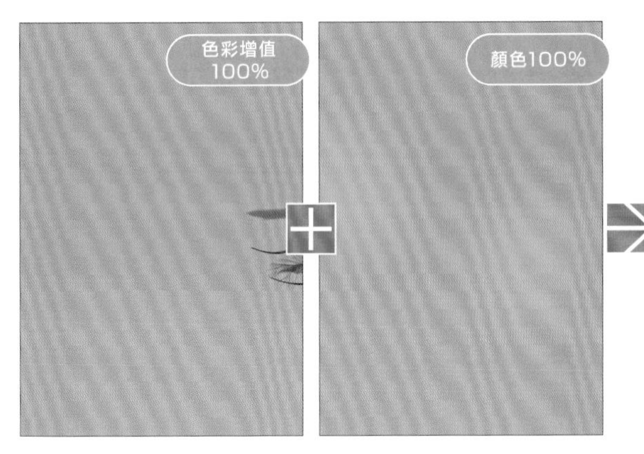

再用［色彩增值］加上葉脈等細節，並用［顏色］模式上色。

水草完成。

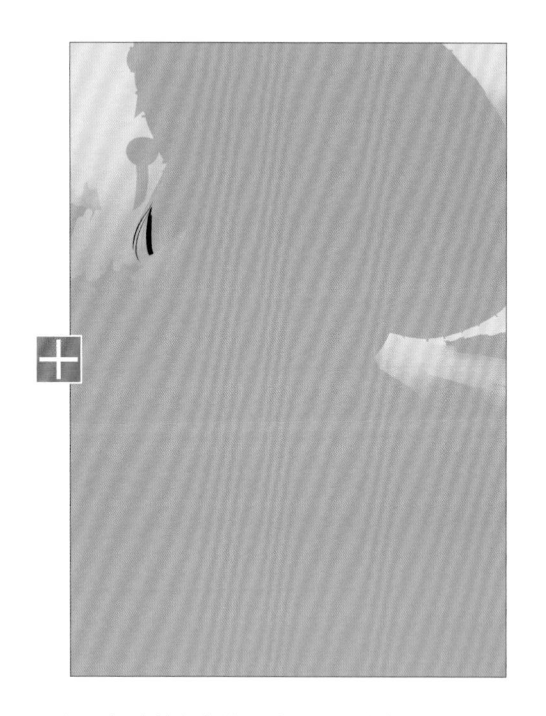

經過粗略的上色後，我發現有許多地方需要修改，於是決定繼續描繪底稿。首先把背景調亮。

追加描繪的底稿圖層暫時不組合。這麼做是為了將［用下一圖層剪裁］當作蒙版使用。

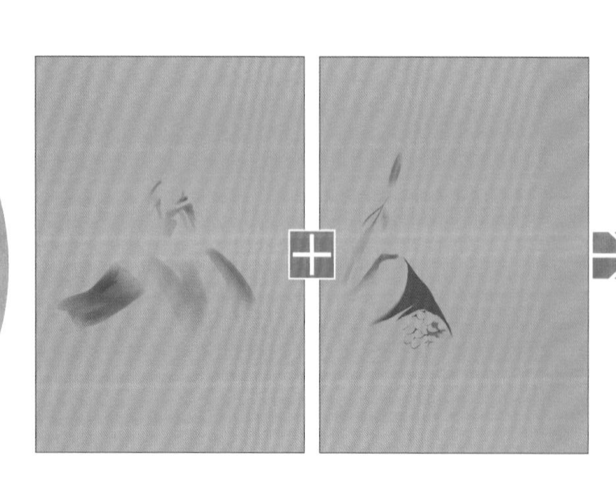

追加和服跟鱗片的陰影。

水面讓我覺得很不自然。

右手袖子的吃水線透視看起來特別奇怪。

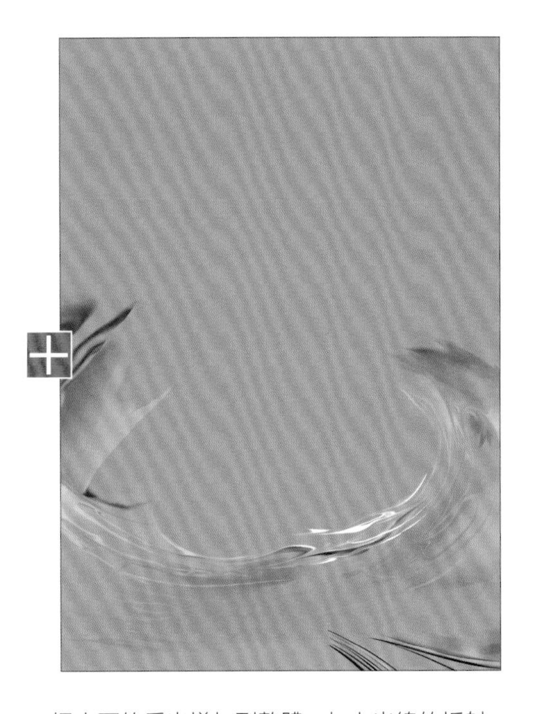

把水面的反光增加到整體，加上光線的折射。再補上右手的袖子，修正吃水線的扭曲。

只要覺得有哪裡不對勁、不自然，我就會毫不猶豫地馬上修改。

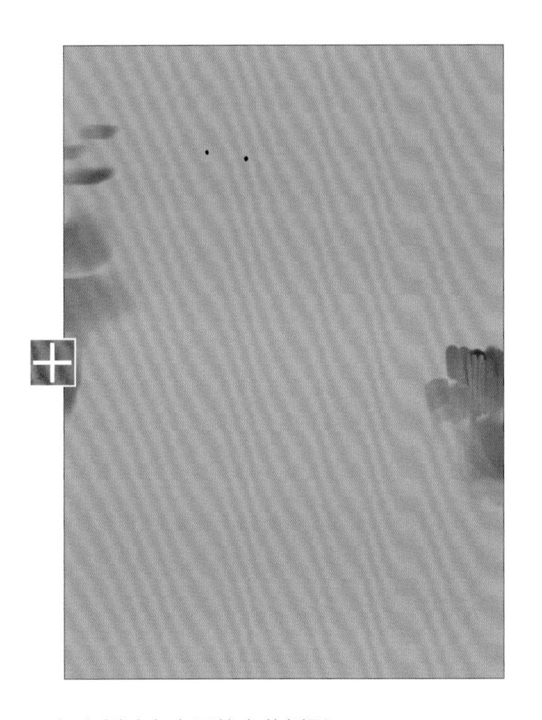

加上倒映在水面的水草倒影。

把水草重疊上去試試。

雖然是很大幅度的修改，卻消除了透視的怪異之處，使質感提升了不少。

重新把上色用的圖層疊到修改過的黑白底稿上。

為了讓臉部更亮，用［濾色］模式疊上一層淡淡的白色。

已經變亮了不少。

把底稿的背景也同樣改成較亮的顏色。

用［普通］模式追加風鈴的反光。

不斷確認明暗平衡，繼續描繪。

紙片太暗了，所以我用［濾色］模式提高明度。

素色和服太過單調，所以我決定加上花紋。

參考網路上的圖片，描繪出基礎的花紋圖案。
我想把花紋畫得清晰鮮明，所以從線稿開始畫起。

不考慮透視，單純畫出「紋様」。

利用［用下一圖層剪裁］功能上色。
為了方便更改色彩，先不組合線稿和陰影的圖層。

線稿也用剪裁功能來上色。

疊上［覆蓋］，稍微提高彩度。

複製並縮小，變更顏色後擺放到畫面中。另外追加菊花的花紋。

菊花也同樣是先畫線稿後加上陰影。

用［顏色］模式上色。

完成的菊花也複製並擺放到畫面中。

加上蝴蝶花紋。

用［顏色］模式疊上色彩。

複製並擺放畫好的蝴蝶，如此一來就完成了一個單位的花紋。

不只是花紋，我也在和服上多加了漩渦紋路作為基底。漩渦紋路要配合和服的立體感來描繪。

用［顏色］模式把漩渦染成金色。

複製花紋，擺放到水面上。

用網格變形把超出和服的花紋融合到水面上。

花紋就像是從和服流出一樣。

反覆使用複製／變形把花紋擺放在水面上，彷彿花紋流到水面上一樣。

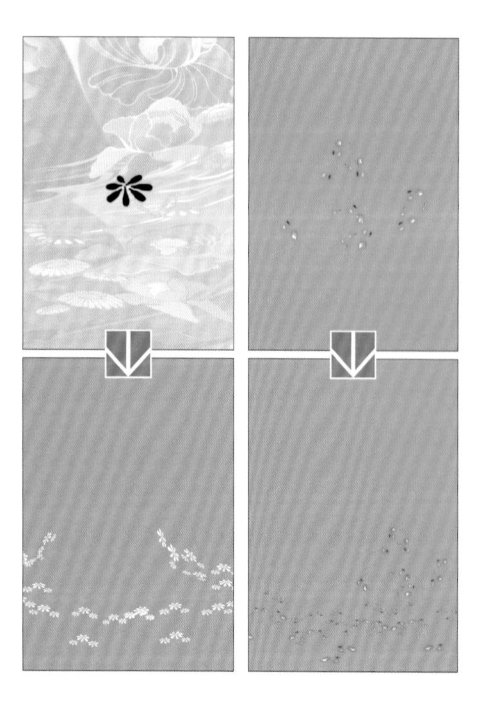

另外描繪別的花紋和金粉的輪廓，同樣重複複製／變形的步驟。

因為要配合水面的角度變形，所以我沒有把它們做成［裝飾筆刷］。

一開始製作約3種不同編排的圖像，把複製品放到位置上後再開始變形。

我也疊上了白色飛沫，提升畫面的密度。

在眼睛上添加光點，替頭髮的反光加上色彩。

我試著在袖子上追加金色的書法字紋樣。

用［濾色］模式的調整圖層，把水面和眼睛的顏色改亮。

我覺得袖子的新紋樣好像有點多餘，所以試著暫時把它拿掉。

因為陰影失去了強弱分明的感覺，所以我把調整圖層刪除，恢復到原本的狀態。

再度放上袖子的紋樣。

替尾鰭加上陰影色，調整配色的平衡。

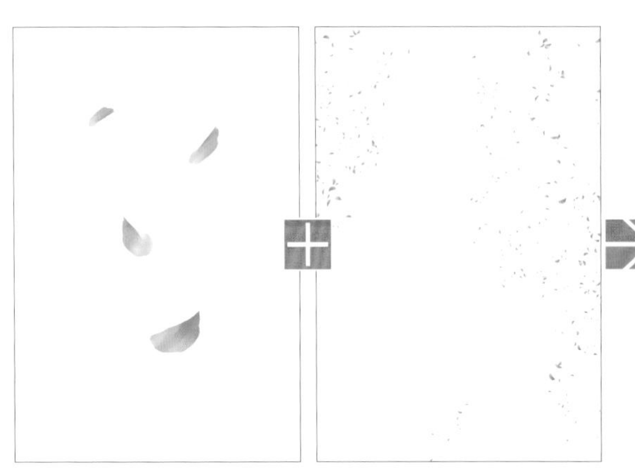

為了調整畫面的密度，我製作了櫻花花瓣的［裝飾筆刷］。

［裝飾筆刷］的設定方法請參照第７章。

用做好的［裝飾筆刷］把櫻花花瓣點綴在密度較低的地方。

6 調整／特效

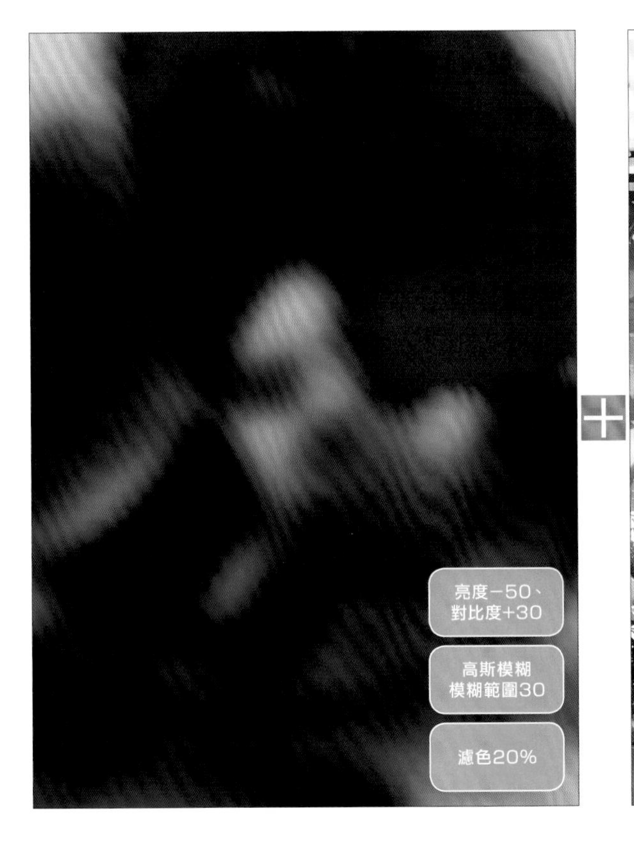

接下來要使用調整圖層製造柔焦效果。

首先把到目前為止的所有圖層複製並組合成一張，用［編輯］>［色調補償］把亮度調整成－50，把對比度調整成+30。

接著使用［濾鏡］>［模糊］>［高斯模糊］把［模糊範圍］設定為30，並用［濾色］模式疊到上方。

這麼做就可以加上「柔焦效果」，為整個畫面添加薄霧般的獨特光澤。

腰帶等色調有點偏暗的地方，也變成了彩度更高的顏色。

素色的和傘有點太過單調，所以我決定替它加上花紋。

在描繪風鈴的圖層下方用［普通］模式畫上半透明的白色帶狀條紋。

因為是半透明的，白色條紋會透出底下的紅色，變成具有手繪感的花紋。

用［濾色］加上折射光。

加上折射光之後，眼睛的反光看起來似乎變得有點微弱。

在眼睛上追加亮光。

再度補上因為柔焦效果而消失的服裝皺褶等細節。

把瀏海的反光改回白色，追加折射光。
我最後在瞳孔中加上紅色，強化眼神的力道。

特效與細節華麗交織的範例３ — 和服人魚完成了。

第7章 特效表現

本章將解說能夠襯托
插畫的常見特效畫法，
以及裝飾筆刷的設定方法。

1 特效的畫法

以下是各種常見特效的畫法。

我將一一介紹如何活用第3章所解說的各種混合模式，有效率地描繪各式各樣的特效。

除此之外，為了更加廣泛地活用特效，本章也會解說自創［裝飾筆刷］的製作方法，各位讀者也可以試著挑戰看看。

火焰①

以下將介紹明亮背景和陰暗背景的2種火焰畫法。

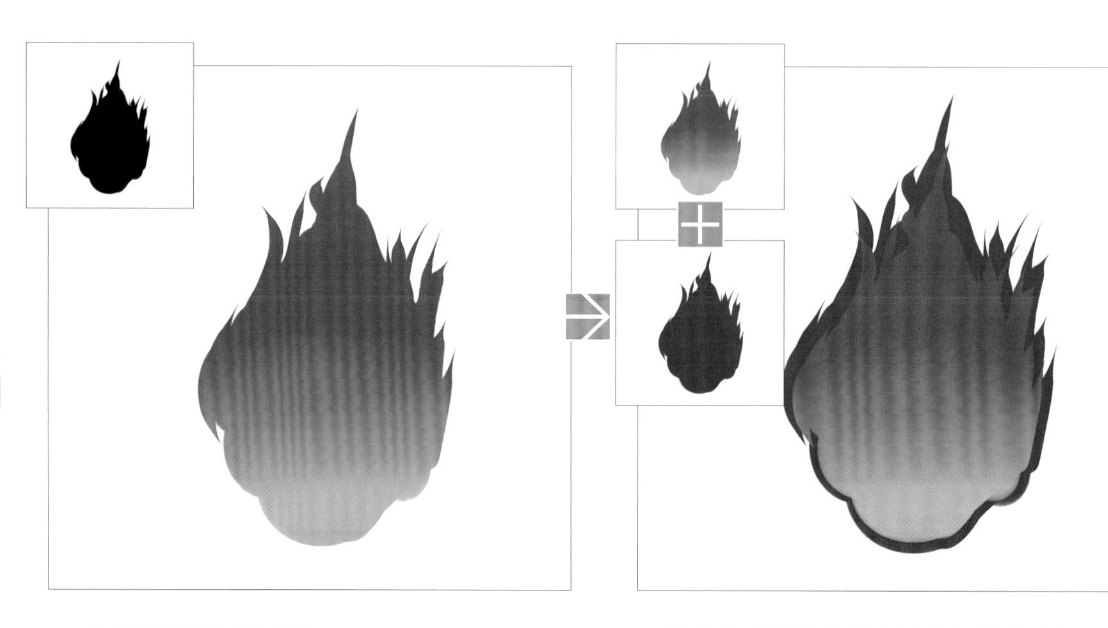

一開始用純黑色畫出輪廓。

新增圖層，利用［用下一圖層剪裁］粗略地畫出黃色到紅色的漸層。

用較深一階的紅色塗滿複製品，稍微放大一點，做出「邊緣」。

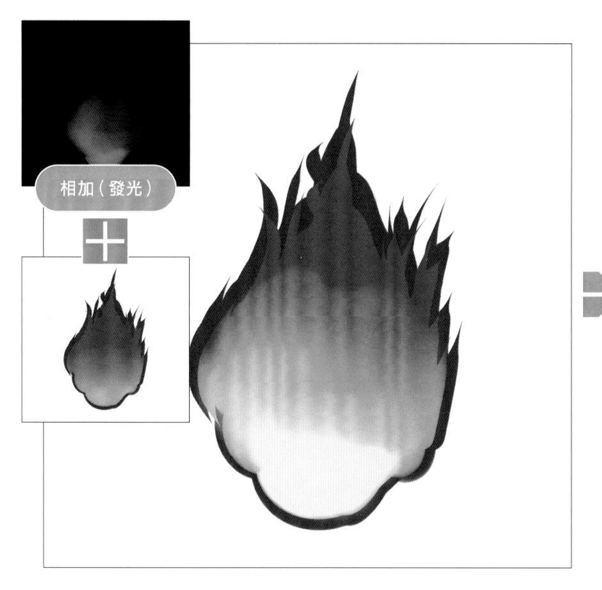

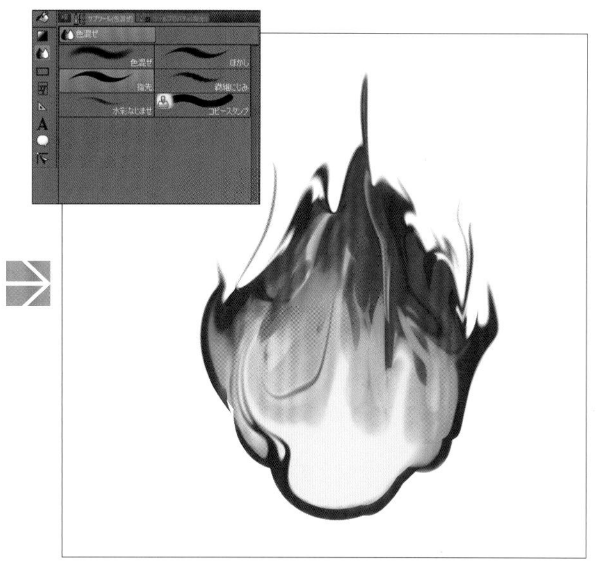

利用［用下一圖層剪裁］疊上［相加（發光）］的圖層，添加發光感。

用［指尖工具］把色彩變形成火焰的模樣。

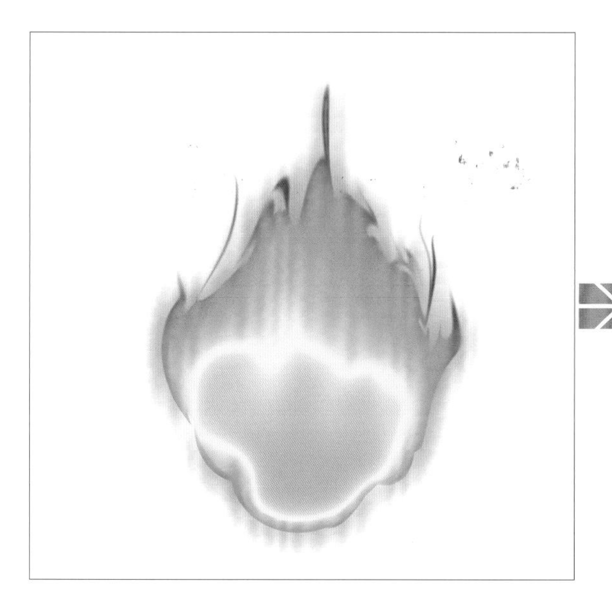

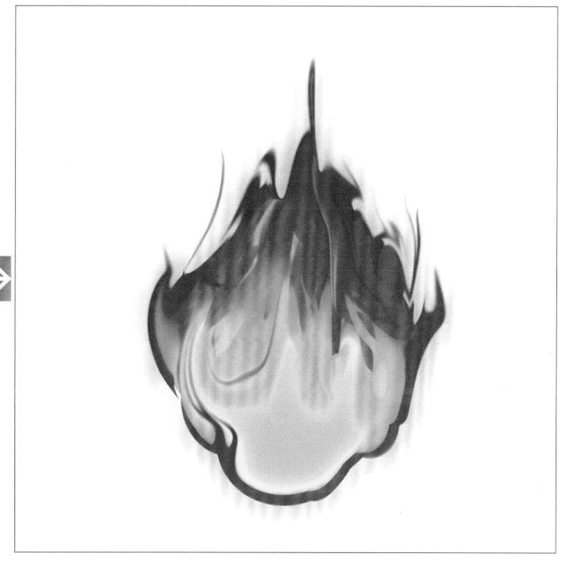

複製之後用［編輯］＞［色調補償］＞［色相］+16進行調整，加上較強的［高斯模糊］。

把完成的光暈用［色彩增值］50%疊加上去就完成了。

火焰②

背景陰暗的時候，光暈會更加明顯，
也要加上火花等背景明亮的情況下看不清楚的部分。

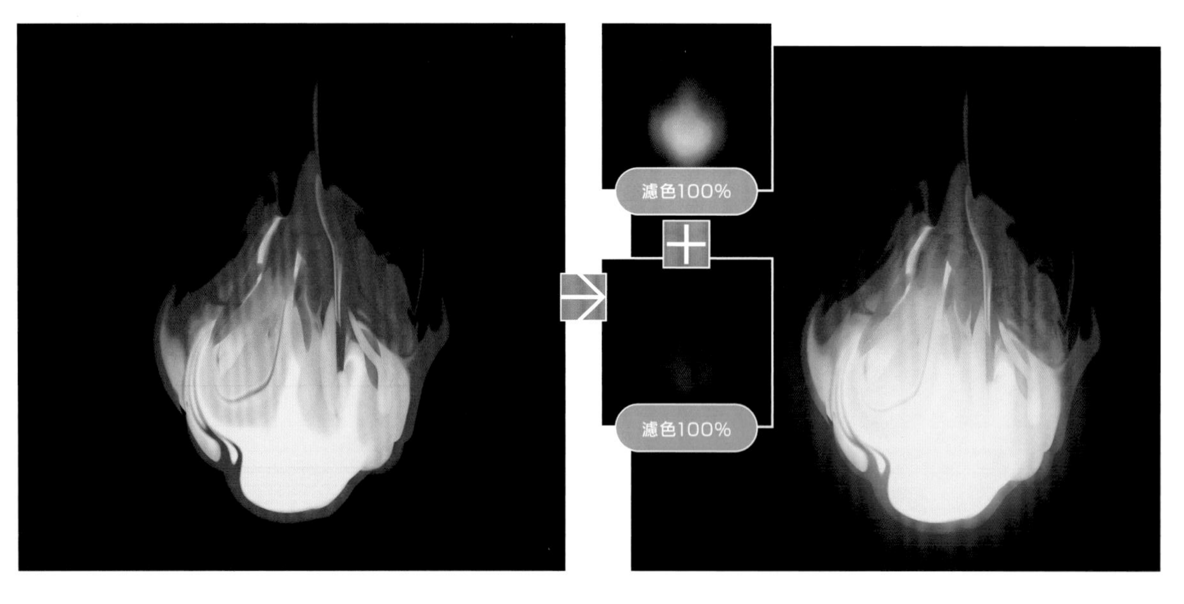

以下是在陰暗背景中的火焰版本。

用［濾色］100%疊上2種火焰光暈。

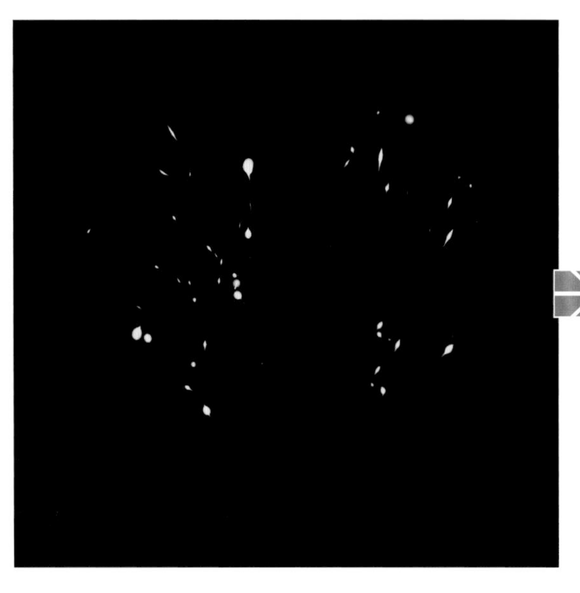

先用單色描繪飛散的火花。

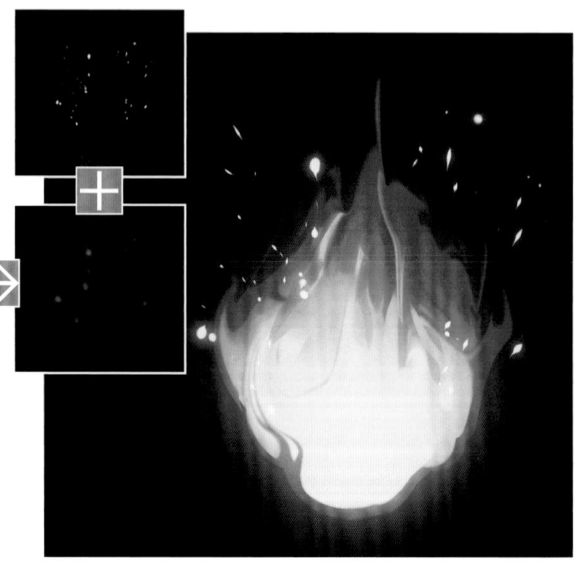

複製火花，加上高斯模糊，然後疊在原本的火花上當作光暈就完成了。

因為過程中完全沒有用到［相加］或［相加（發光）］，所以檔案不會有版本差異，可以直接使用Photoshop來讀取。

閃電

這種發光感的畫法不需要仰賴混合模式。
因為只使用普通模式描繪，所以轉換到其他軟體也不會有落差。

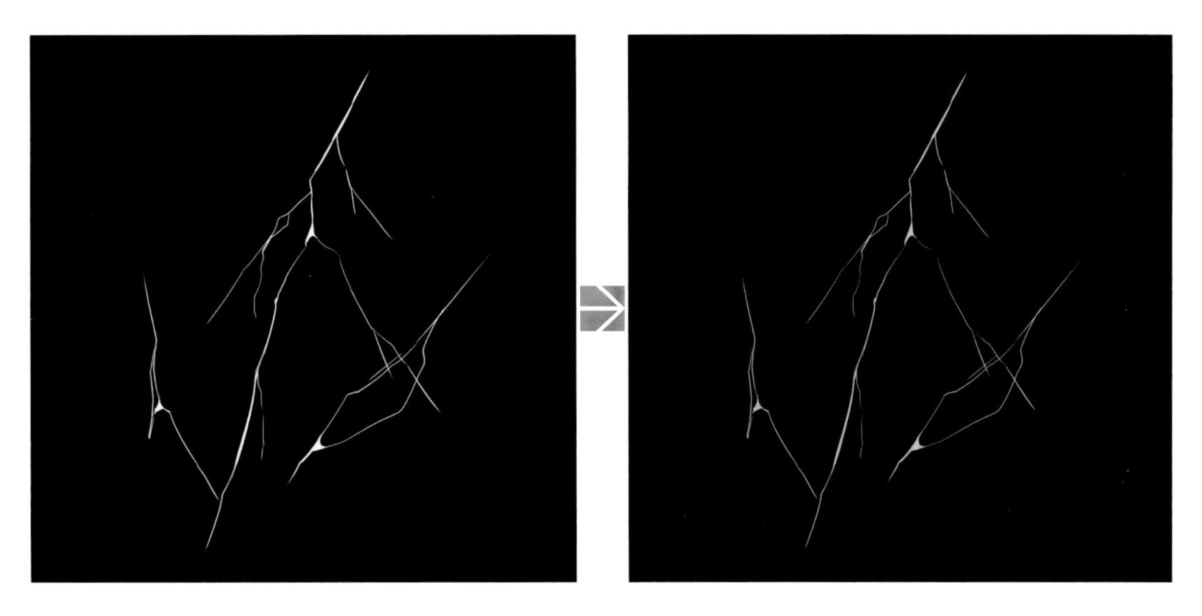

在背景圖層中填滿黑色以便觀看，然後用白色線條畫出閃電的輪廓。

複製並利用［用下一圖層剪裁］上色。

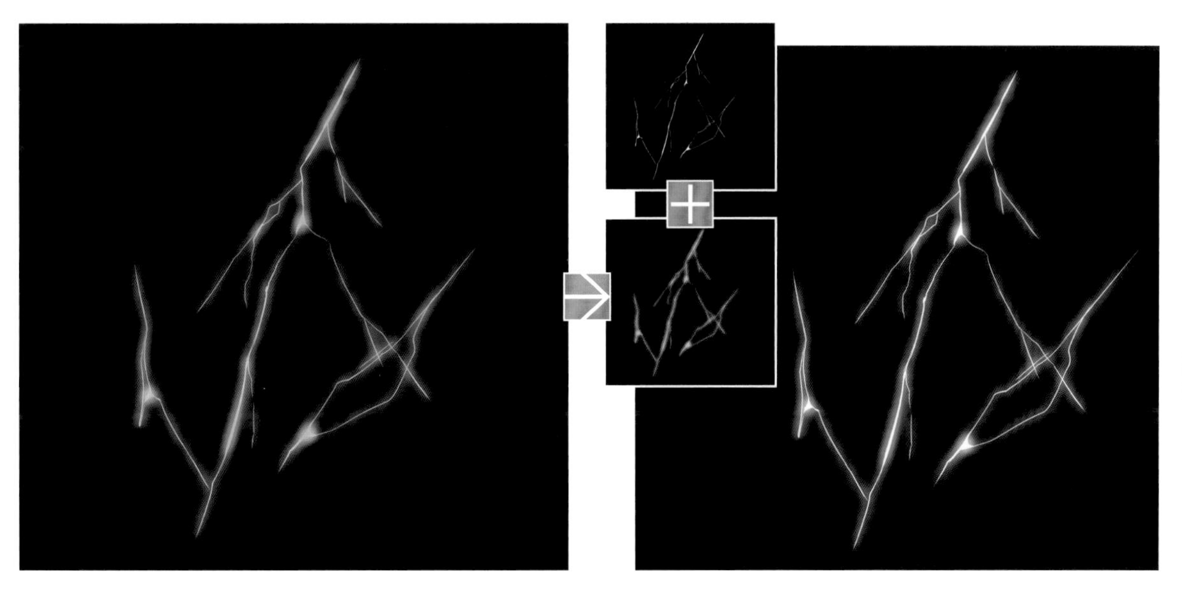

再加上較強的［高斯模糊］。

把一開始畫的白色閃電輪廓疊在上方，有發光感的閃電就完成了。

這種閃電完全沒有用到［相加（發光）］等混合模式，所以直接轉換到Photoshop也不會有落差。

爆炸

替一部分加上［模糊］效果，就可以讓爆炸變得更有動感。

一開始用純黑色畫出輪廓。

新增圖層，利用［用下一圖層剪裁］畫上漸層色。

用純黑色再畫出另一種輪廓。

使用稍亮的顏色，同樣畫上漸層。

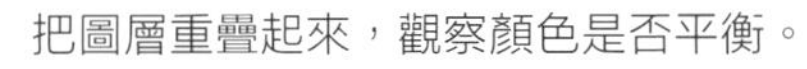

把圖層重疊起來，觀察顏色是否平衡。

再畫上不同顏色的部分疊上去。

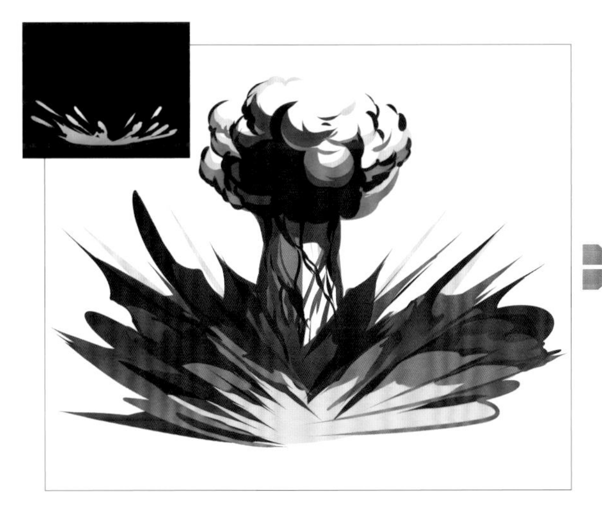

在前方畫上塵土飛揚的底色。

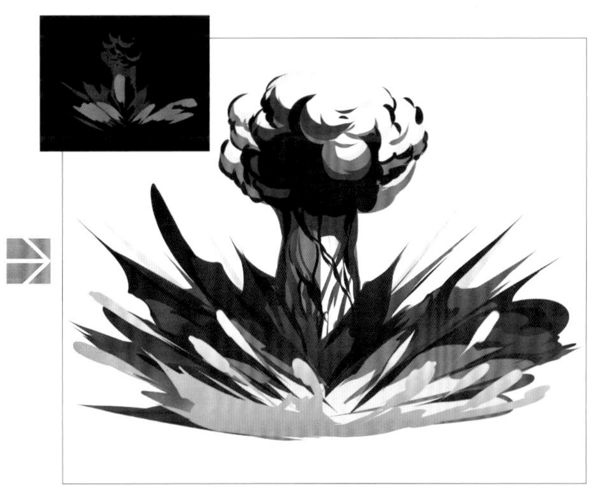

用［覆蓋］疊上調整用的顏色。

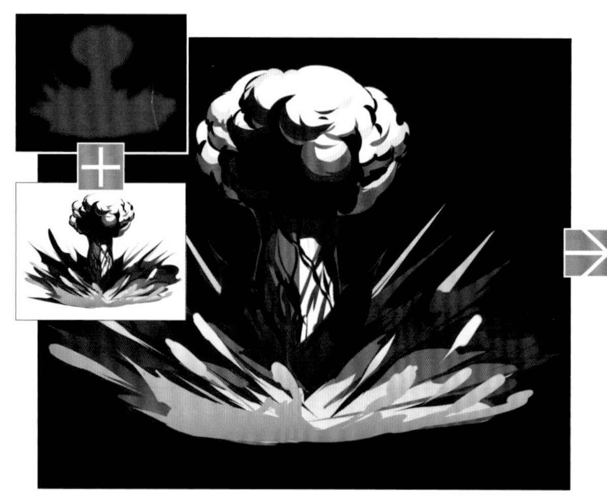

複製2組圖層，分別組合成一個圖層。

將其中一個塗成紅色的色塊，加上較強的［高斯模糊］，疊在最下方作為光暈。

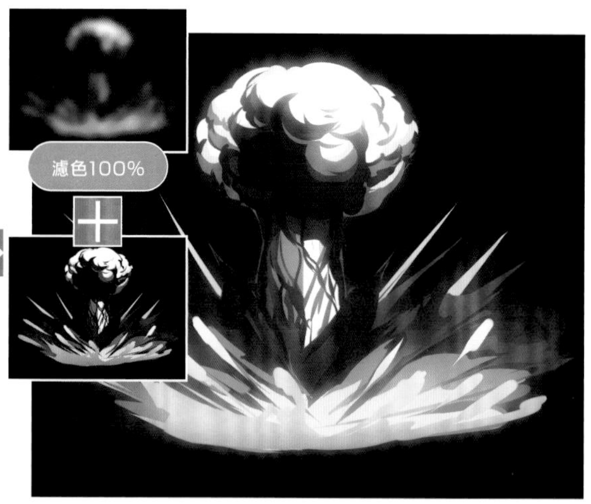

另一張複製圖層只加上較強的［高斯模糊］，用［濾色］100%疊到上方。

畫面加上了彷彿薄霧般的淡淡發光感。

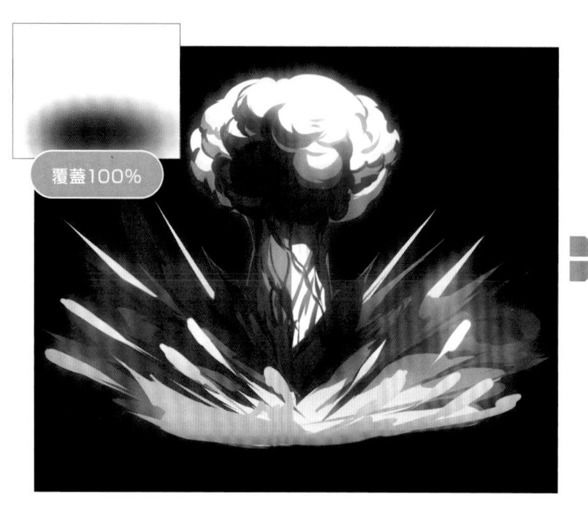

使用［覆蓋］100%加強中心和外圍的對比差異。

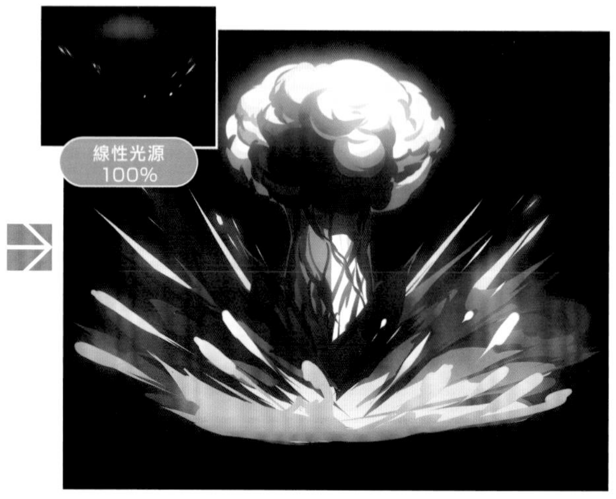

用［線性光源］加上火花等細節。

雖然就這麼完成也可以，但這樣會給人一種稍欠動感的印象。

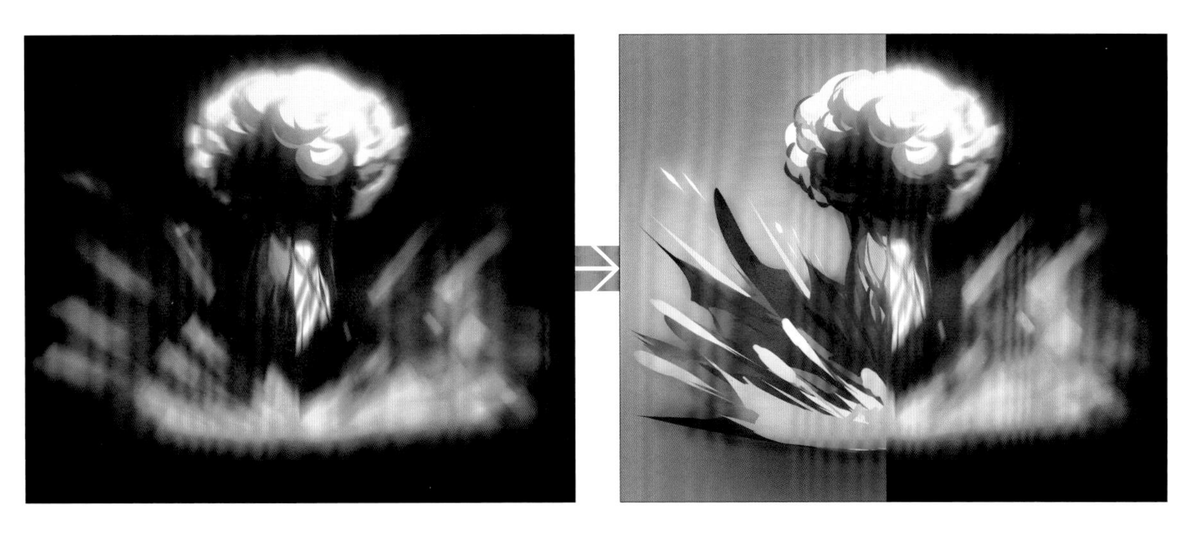

於是我複製所有部分並組合為一個圖層，使用［濾鏡］＞［模糊］＞［放射模糊］製造出放射狀的模糊。

這是模糊前和模糊後的比較圖。

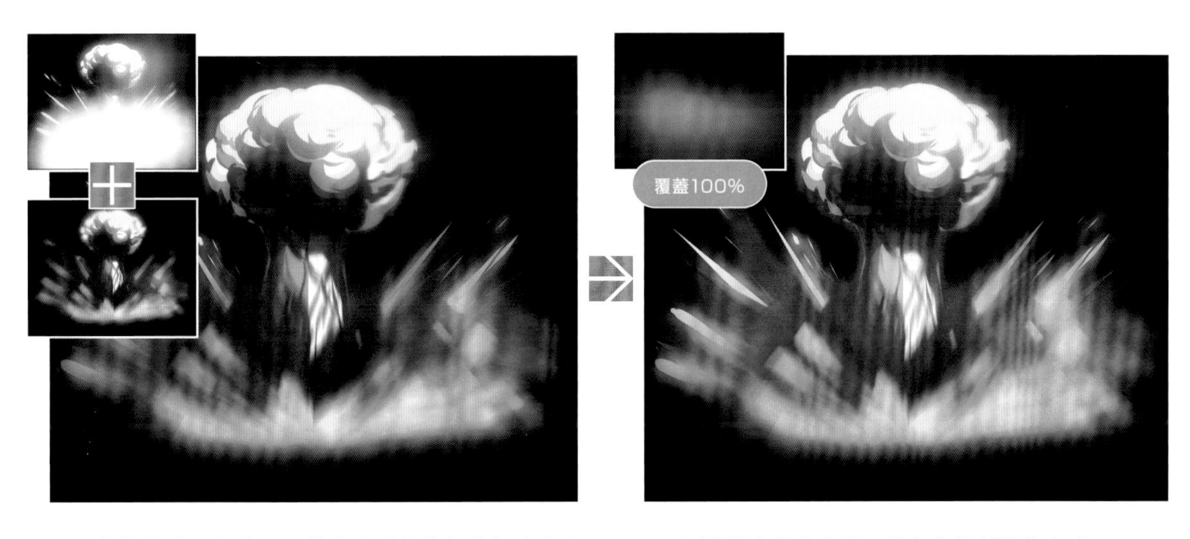

不模糊整體，對蕈狀雲等沒有動態的部分加上［圖層蒙版］，做出強弱的區別。

用［覆蓋］疊上色彩，進行色調補償就完成了。

光球

描繪發光效果不同的球體。

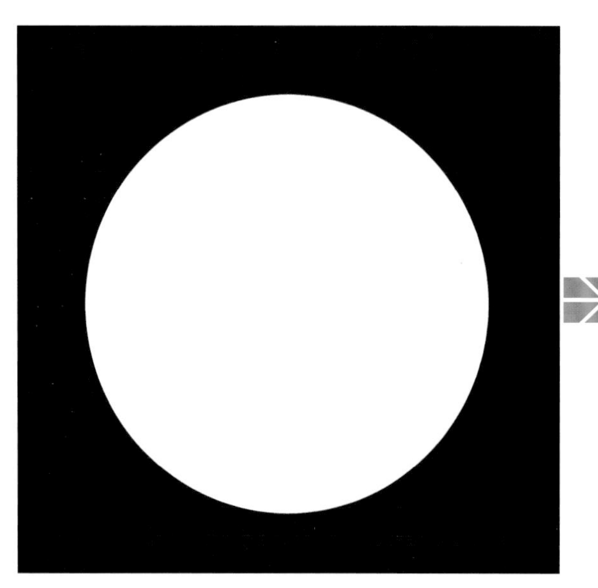

在黑色背景上按著［Shift］鍵用［橢圓選擇］選出正圓形的範圍，填滿白色。

這個正圓只是輔助線，使用［自動選擇］選取正圓之後就可以把它隱藏起來了。

在［自動選擇］好的白色圓形內側畫上逆光照射出來的球體輪廓。

愈接近內側，顏色就漸漸變淡。

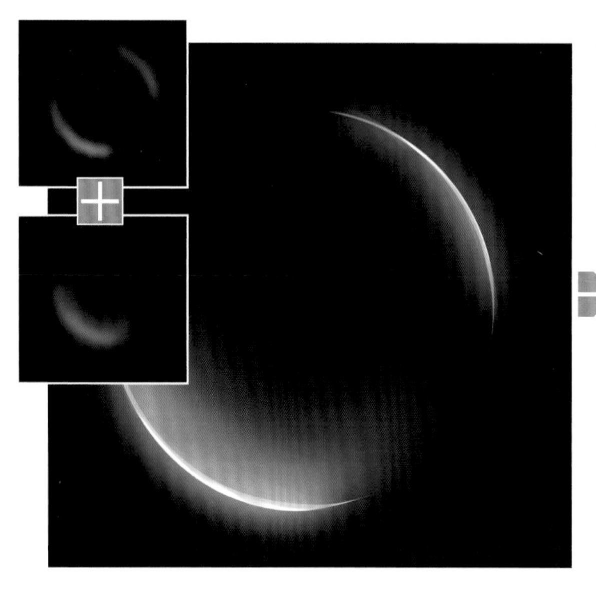

在畫了輪廓的圖層和黑色背景之間新增2個圖層，分別用黃色和白色的漸層描繪光暈。白色光暈只適用在圓的內側。

光暈素材要經過［高斯模糊］的處理。

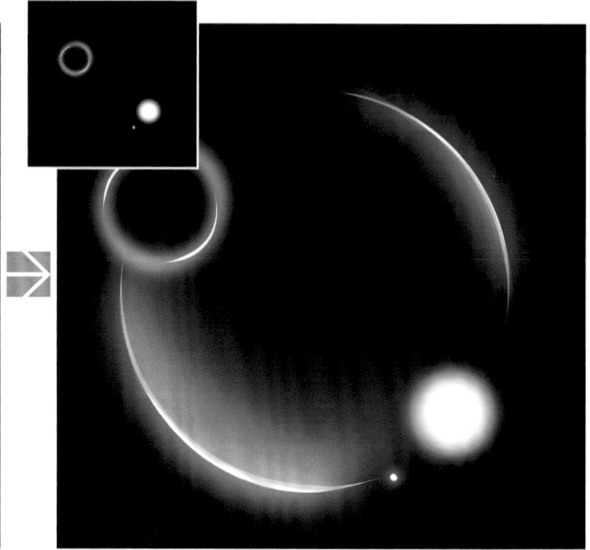

在前方追加發光程度不同的球體。

只要排列多個發光效果不同的球體，就可以表現出層次感。

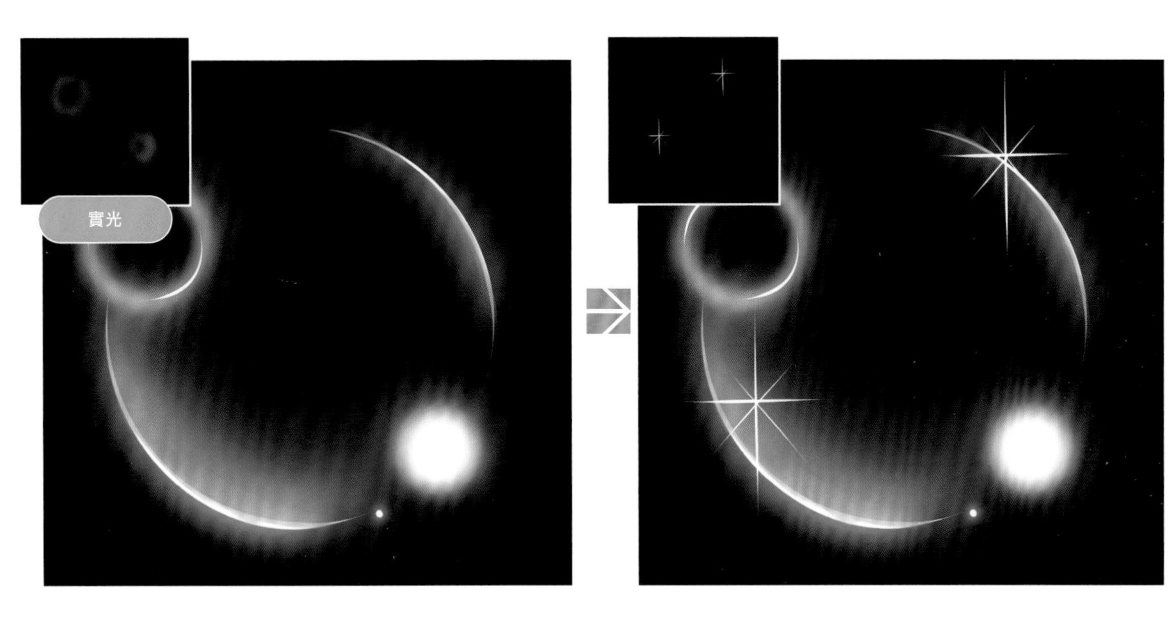

用［實光］模式替每個光球加上光暈。

光暈的顏色和中心的光球稍有不同就可以製造更深的層次感。

用普通的白色畫上十字光。

十字光要擺放在輪廓最亮的白色部分附近。

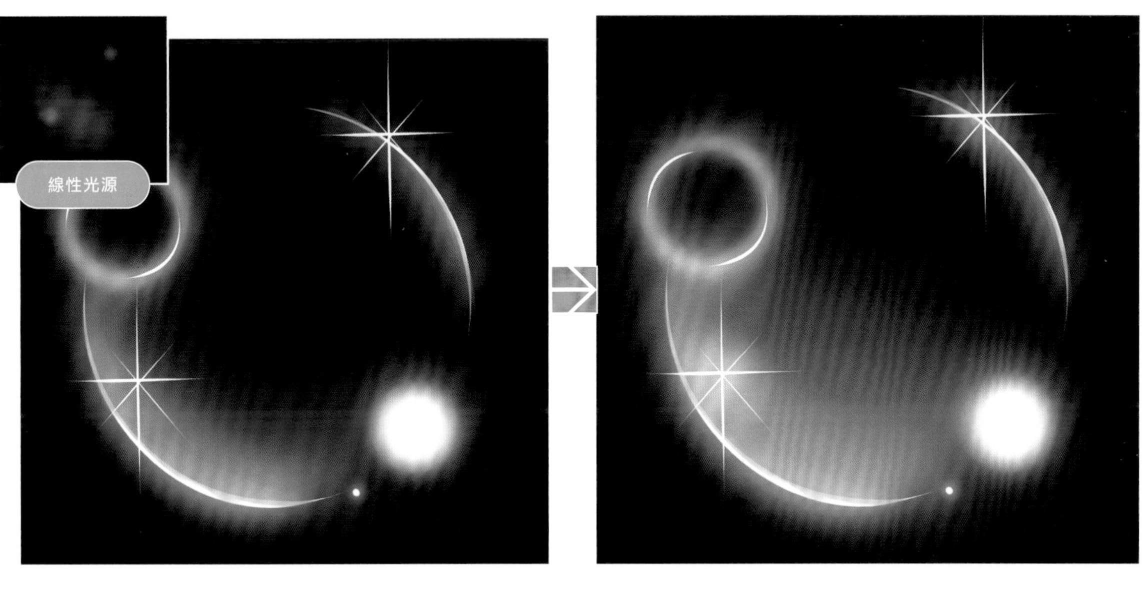

在十字光下方新增圖層，用［線性光源］模式畫上十字光的光暈和補償用的顏色。

自行發光的物體、材質透明度高的物體、在逆光中浮現輪廓的物體等各式各樣的光球就全部完成了。

水花

對輪廓使用［用下一圖層剪裁］描繪出階調層次，
再用［圖層蒙版］透出部分的背景，表現水的透明質感。

一開始用純黑色畫出輪廓。

［用下一圖層剪裁］並畫上藍色的漸層。

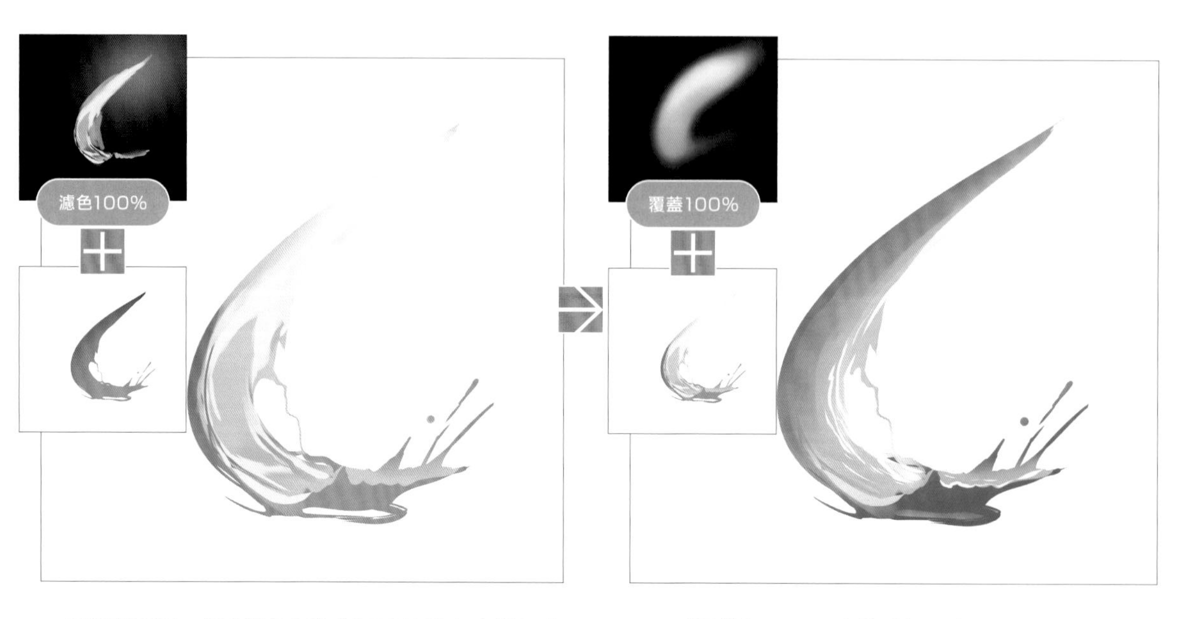

再新增圖層，用［濾色］模式100%畫上亮部和中間色等階調。

用［覆蓋］100%為整體加上色彩作為色調補償，調整對比等細節。

複製一開始畫的黑色輪廓並塗滿深藍色，加上較強的［高斯模糊］。

放在最下方的圖層以增加光暈感。

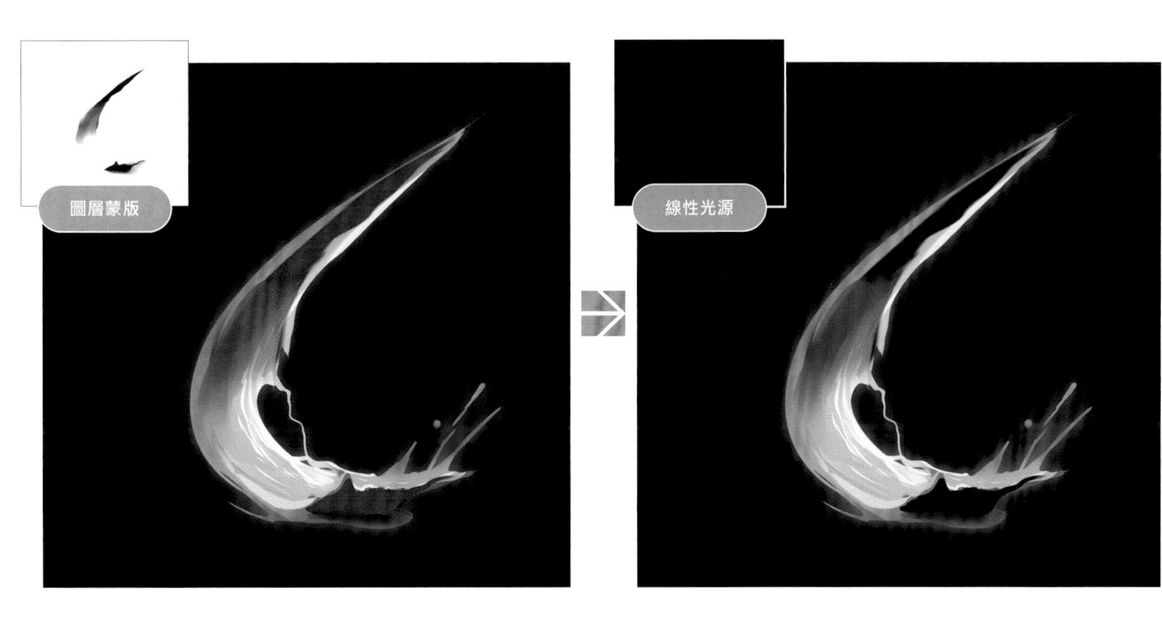

背景是暗色的時候，對一部分加上［圖層蒙版］使之透出背景色，就可以提升真實度。

上圖的紅色部分就是藉著［圖層蒙版］變透明的部分。

最後用［線性光源］疊上調整用的深藍色，具有透明感的水花就完成了。

冰、水晶

利用［加亮顏色（發光）］等混合模式，替簡略描繪的物體加上真實的水晶質感。

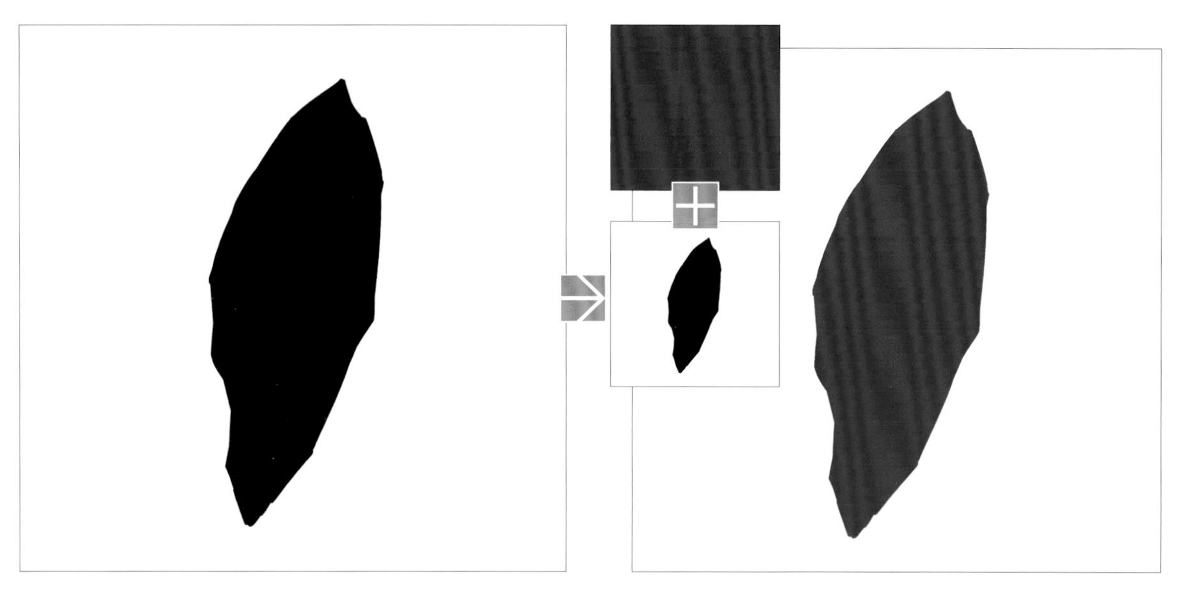

用黑色畫出冰的輪廓。

利用［用下一圖層剪裁］功能把它畫成較亮的深藍色。

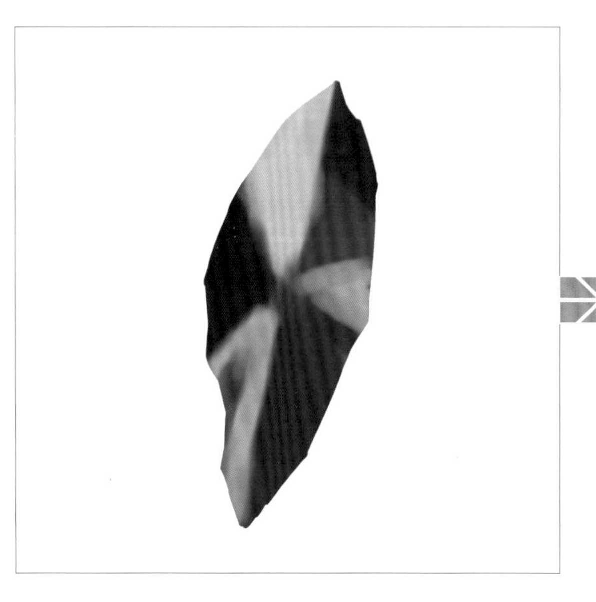

用筆或馬克筆簡略地畫上明暗。

一邊想像冰的切面，一邊塗抹色彩。多少留下一點筆觸也沒有關係。

筆觸粗糙反而可以讓之後的處理有更好的效果。

從［編輯］>［色調補償］>［亮度・對比度］把對比度調高到+40，使對比更加明顯。

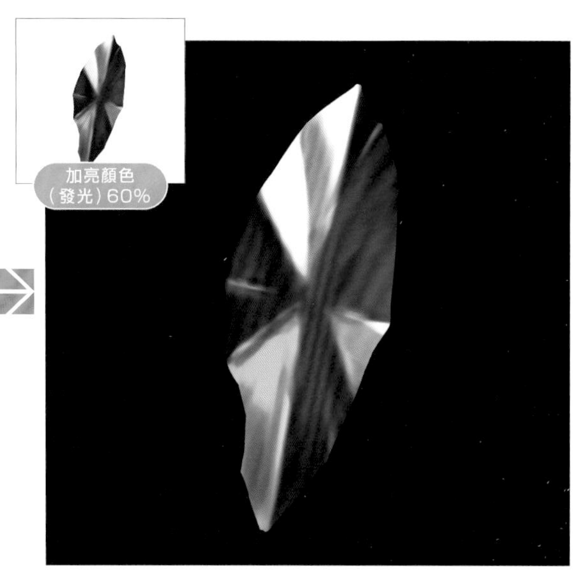

複製之後用［加亮顏色（發光）］模式60%疊在上面。

疊上［加亮顏色（發光）］之後，發光感和對比就會更強，也會讓殘留的筆觸幾乎消失。

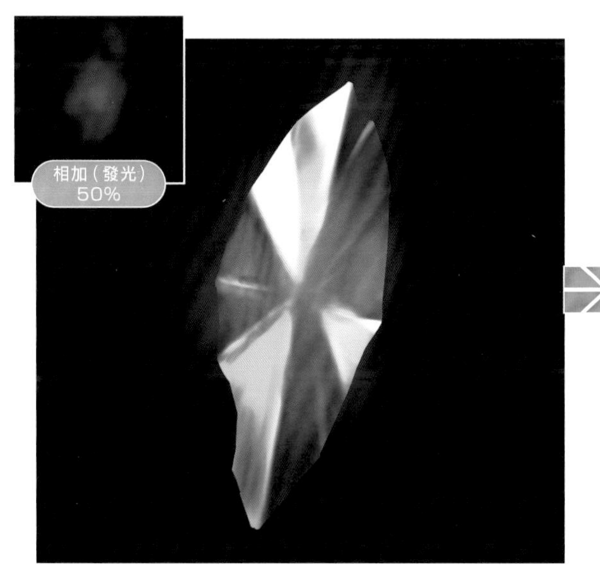

用［相加（發光）］50%加上光暈。

最後用［覆蓋］模式在面的界線畫上白色的反光就完成了。

光束

不只是單純加上發光感，刻意移動［放射模糊］的中心就可以製造出動作感。

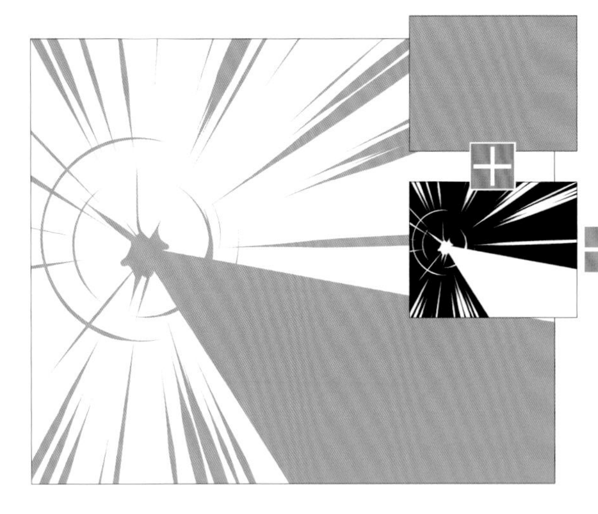

在黑色背景中用純白色畫出光束的輪廓。

複製畫好的白色「光束輪廓」圖層，準備好用［用下一圖層剪裁］塗成淡藍色的版本。

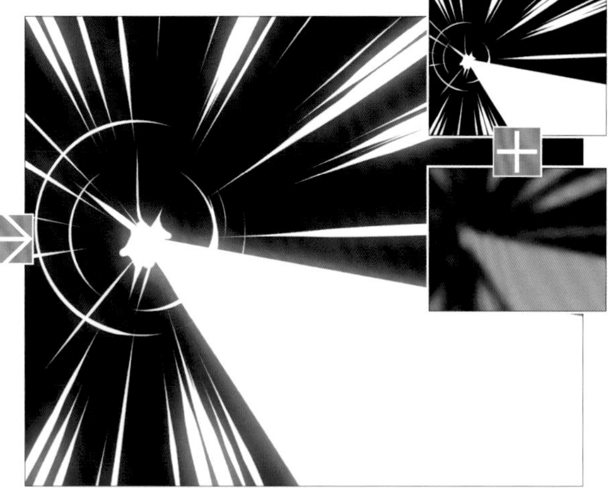

把加上較強的［高斯模糊］的淡藍色光線，以［相加（發光）］模式夾在白色的「光束輪廓」圖層和黑色背景圖層之間，就可以替光束製造出光暈感。

在中心處用［相加（發光）］100%疊上光暈。

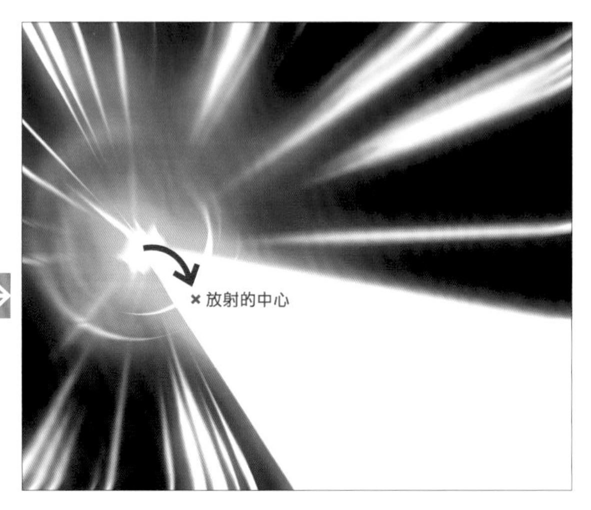

最後加上［放射模糊］的效果。把放射的中心設定在稍微偏離的地方，就會產生特殊的抖動效果，變成強而有力的光束。

［放射模糊］的設定如下。

［模糊範圍］ 11.00

［模糊位置］ 前後

［模糊方法］ 光滑

斬擊（刀刃軌跡）

使用［移動模糊］來添加殘影，表現衝擊力和動作感。

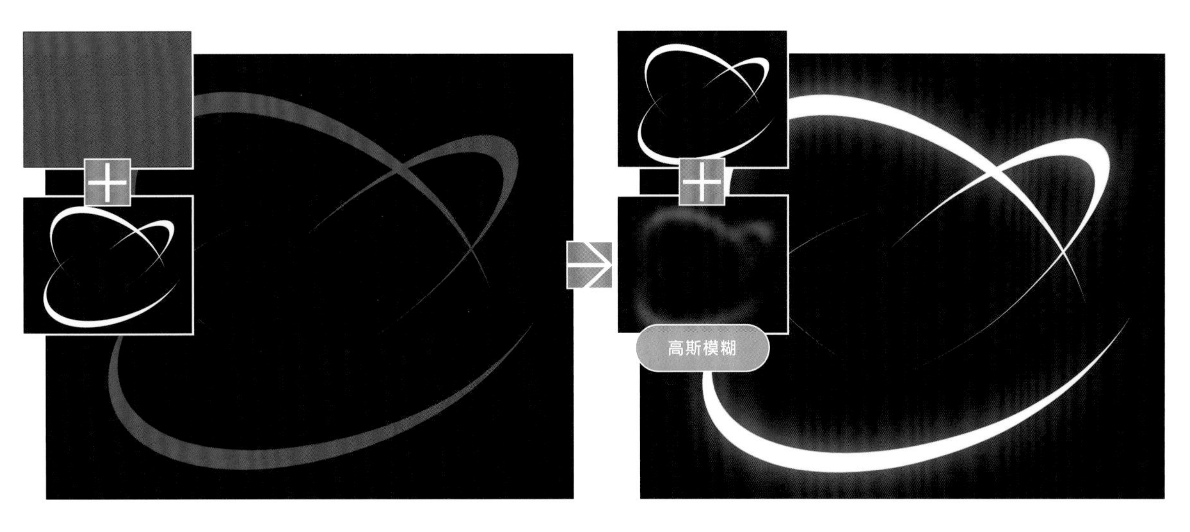

在黑色背景中用純白色描繪輪廓。

要表現刀刃軌跡的時候，要想像刀的移動路徑來描繪弧線。

複製並利用［用下一圖層剪裁］塗滿藍色。

對複製的藍色輪廓加上較強的［高斯模糊］，放在畫著白色輪廓的圖層下方，添加發光感。

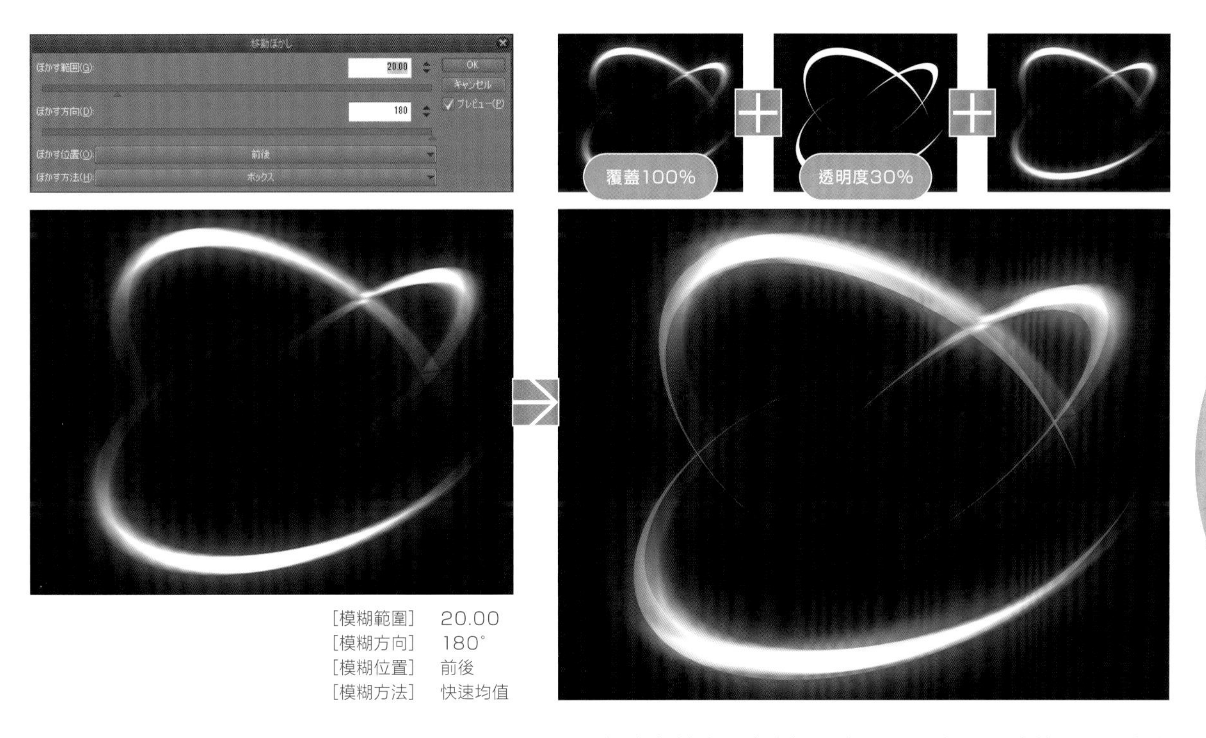

［模糊範圍］ 20.00
［模糊方向］ 180°
［模糊位置］ 前後
［模糊方法］ 快速均值

再次複製並組合成一個圖層，進行［移動模糊］處理，加上殘影感。

進行複製，然後在中間的圖層夾進白色的輪廓。

把白色輪廓設定為透明度30%，把最上方的圖層設定為［覆蓋］100%。

發光感與殘影感變得更強就完成了。

魔法陣

用［對稱尺規］描繪魔法陣，再使用[移動模糊]製作簡單的照射光暈。

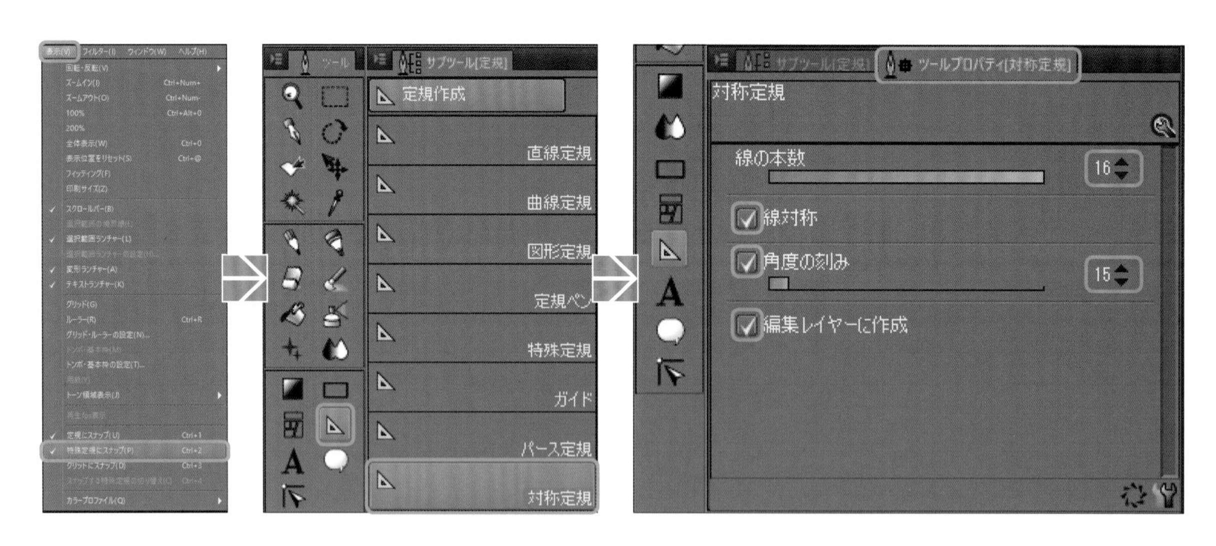

利用［對稱尺規］的功能，描繪「魔法陣」。

先確認［檢視］選單的［對齊到特殊尺規］有打勾，然後點擊［工具選單］中長得像三角板的［尺規圖示]，從［輔助工具面板］中選擇［對稱尺規］。

開啟［對稱尺規］的［工具屬性］，把所有的項目（［線對稱］、［角度刻度］、［在編輯圖層上建立］）打勾。

把［線的條數］設定為16條，［角度刻度］設定為15°。

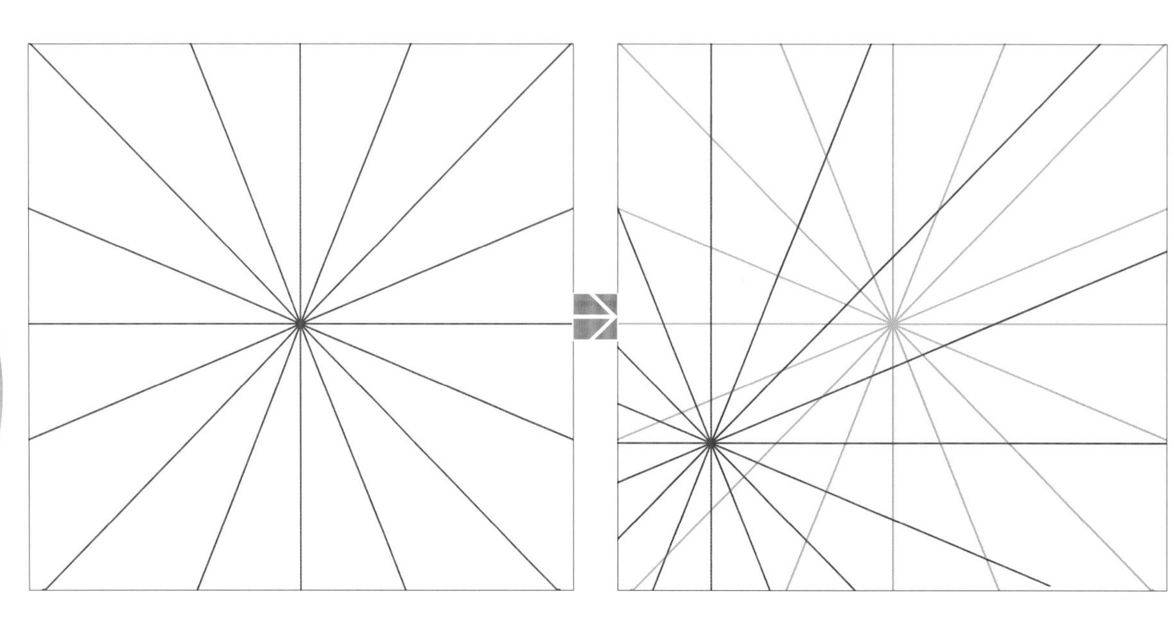

點擊畫布上的任何一點，畫面就會以此為中心，顯示出每15°迴轉一次的16條線組成的輔助線，變成16對稱模式。

接著切換成筆刷，開始描繪魔法陣。

在切換成筆刷之前，還處於［對稱尺規］模式時點擊畫布的話就會以此為中心設定出新的對稱輔助線，請注意。

不小心點錯的時候請按返回鍵來撤銷動作，從［對稱尺規］模式切換至筆刷。

把背景塗黑，用白色開始描繪。

從筆尖落在畫布上的瞬間開始，另外的15個部分就會同時進行反轉拷貝。

在別的圖層畫出外圍的圓圈，組合圖層就完成了魔法陣的繪製。

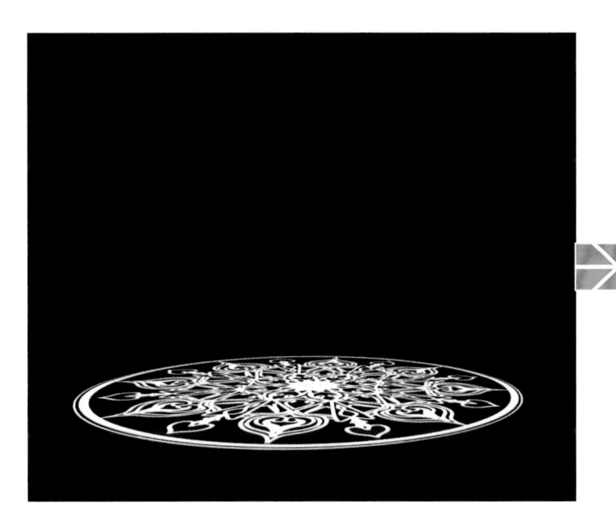

用［自由變形］（［CTRL］+［SHIFT］+［T］）把魔法陣變形成貼在地面上的樣子。

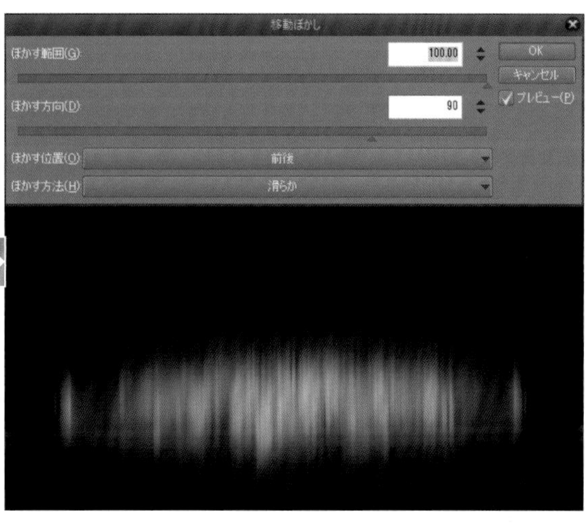

對複製的魔法陣使用［濾鏡］>［模糊］>［移動模糊］。

設定是

［模糊範圍］ 100.00

［模糊方向］ 90°

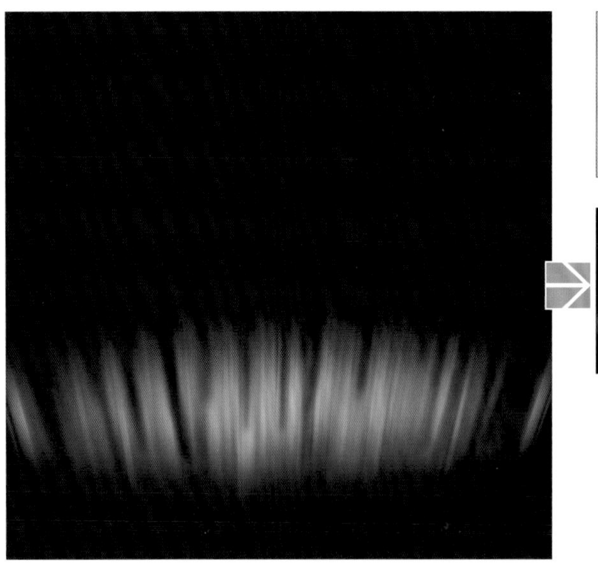

用［自由變形］把上半部變形成擴散的形狀，消除不必要的部分或是添加光線，視情況調整。

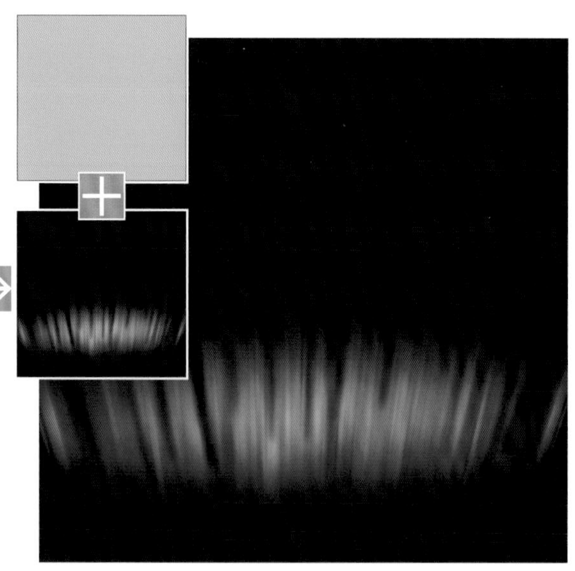

利用［用下一圖層剪裁］上色，完成照射光暈。

疊到「魔法陣」上面就會變成上圖的樣子。

用白色描繪飛散在空中的光球。

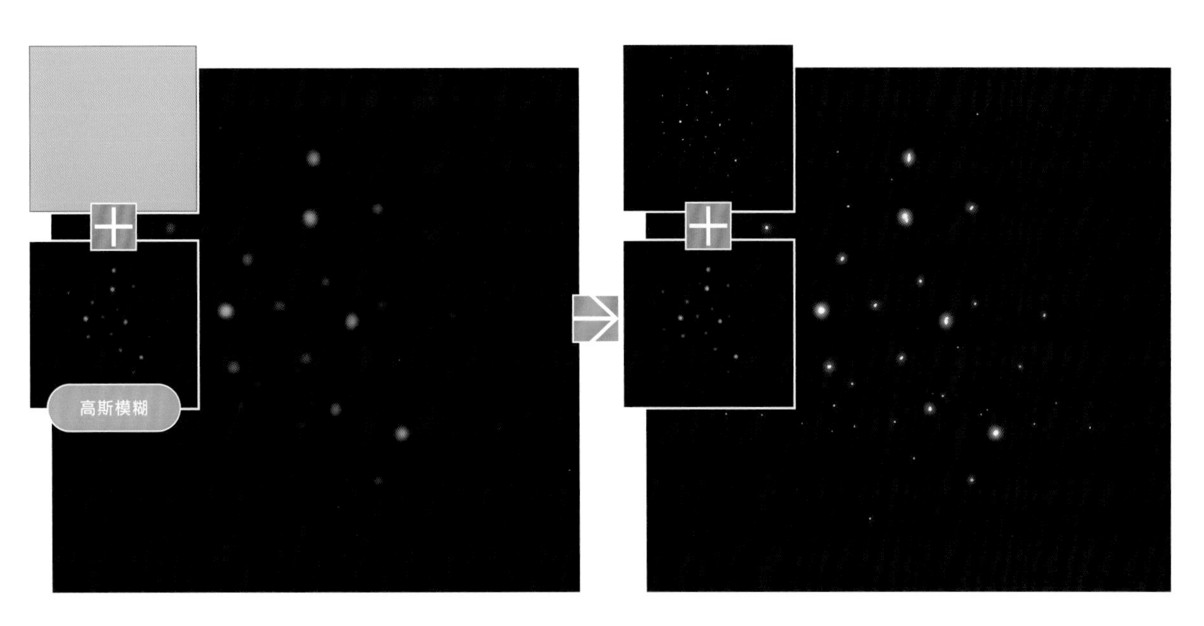

對光球的複製品加上較強的［高斯模糊］，再利用［用下一圖層剪裁］疊上綠色，製造出「靈氣」。

在「靈氣」上方重疊沒有模糊的「光球」，就完成具有發光感的「光球」了。（為了清楚顯示，上圖是放大後的樣子。）

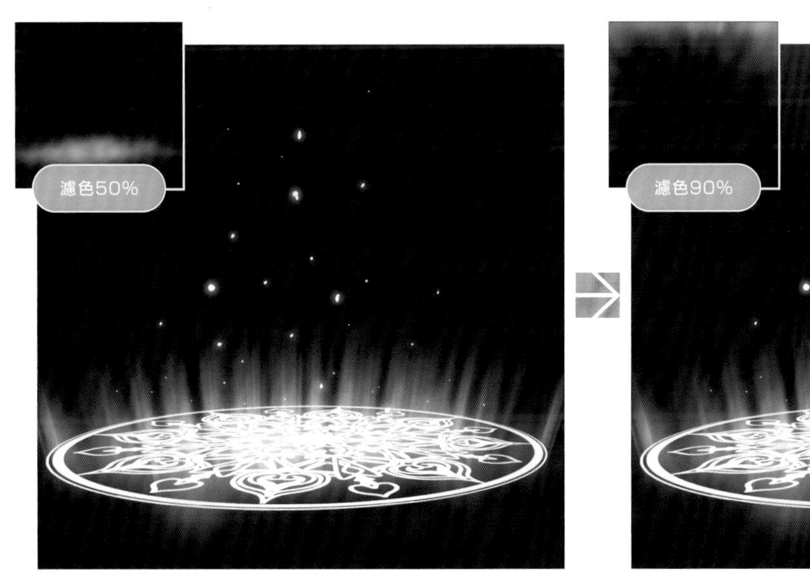

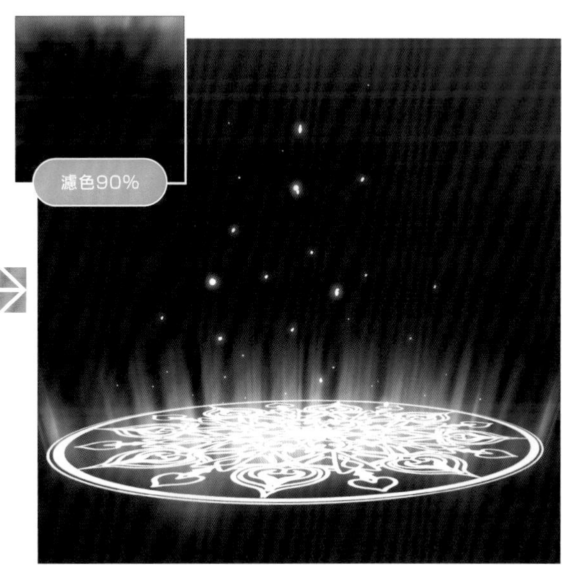

讓光球顯示在魔法陣上方，再對魔法陣疊上［濾色］50%的黃色光暈。

在上空點綴［濾色］90%的藍色來營造整體氣氛就完成了。

裝飾筆刷的設定方法

把自己所做的特效類圖像登記為［筆刷前端形狀］，製作自創的裝飾筆刷。

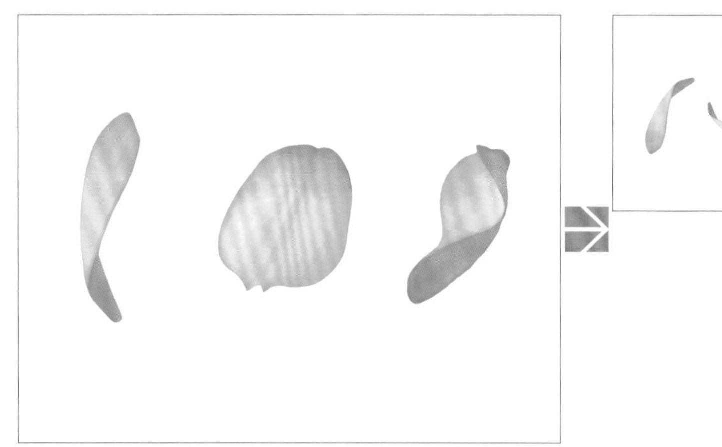

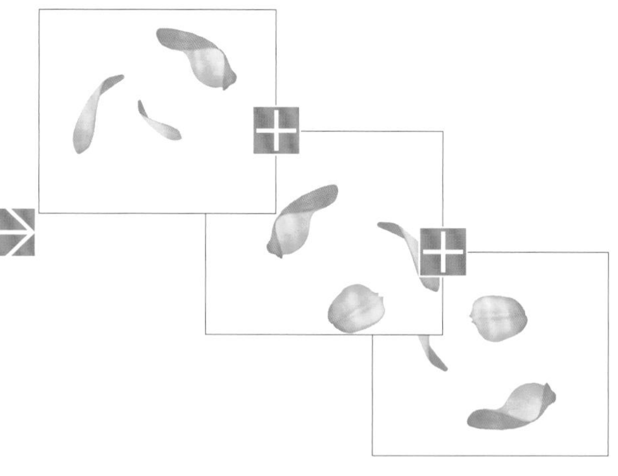

讓我們來製作櫻花花瓣滿天飛舞的筆刷。

首先分別繪製不同角度的3片櫻花花瓣。背景是透明色。

接下來要將加工過的花瓣登記為筆刷的前端。

把每片花瓣放大縮小或旋轉、變形並互相搭配，製作分散排列的3種組合（3個圖層）。

在這個階段，刻意不要放在中心而是四處偏移比較能表現出隨機感。

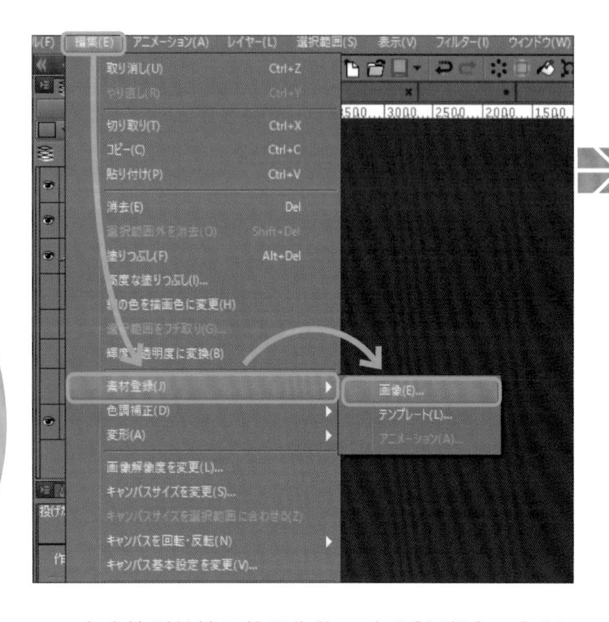

完成筆刷前端用的圖像後，點選［編輯］＞［登記素材］＞［圖像］。

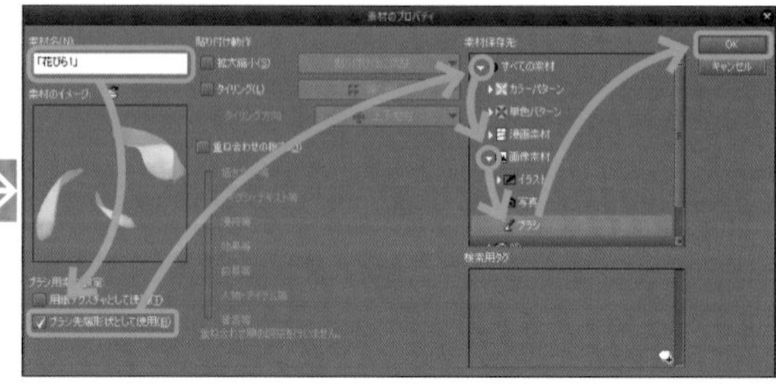

畫面會跳出［素材屬性］的視窗。

輸入［素材名稱］，把［作為筆刷前端形狀使用］打勾，把［素材存檔位置］設定為［Image material］＞［Brush］，按下［OK］就完成登記了。

在［素材名稱］的開頭輸入記號，可以在等下登記為筆刷時更容易搜尋。

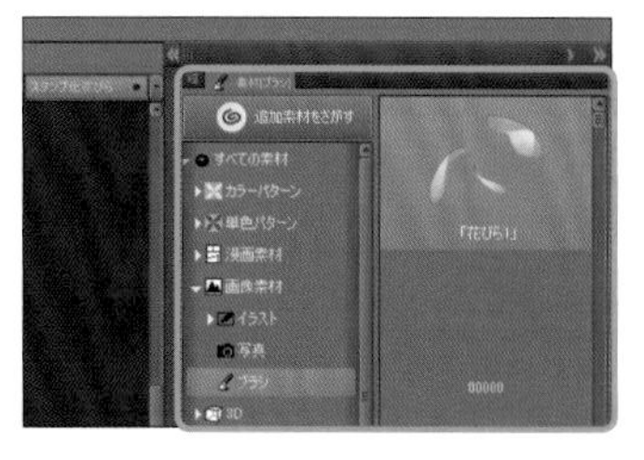

順利登記完成之後，登記的圖像就會像左圖一樣顯示在［素材面板］裡。

第7章 特效表現

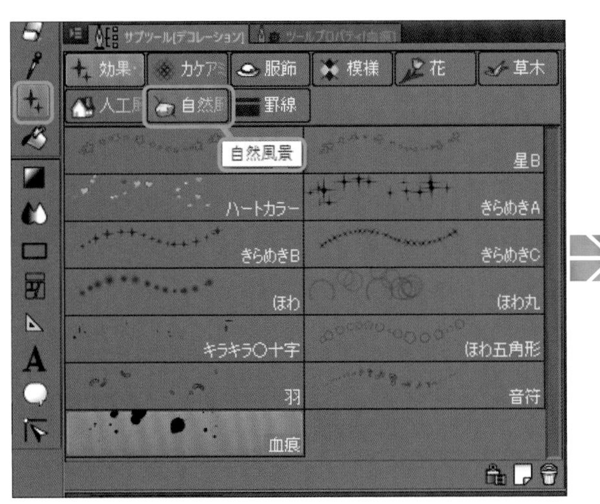

把3種花瓣全部登記完成後，點擊［裝飾］圖示，顯示出輔助工具選單。

接著從裝飾筆刷的項目中選擇適合這次筆刷的［自然風景］。

試用全部的［自然風景］預設筆刷後，會發現［小石子］筆刷很適合這次花瓣飛舞的形象，於是我決定複製並改造它來製作自創的裝飾筆刷。

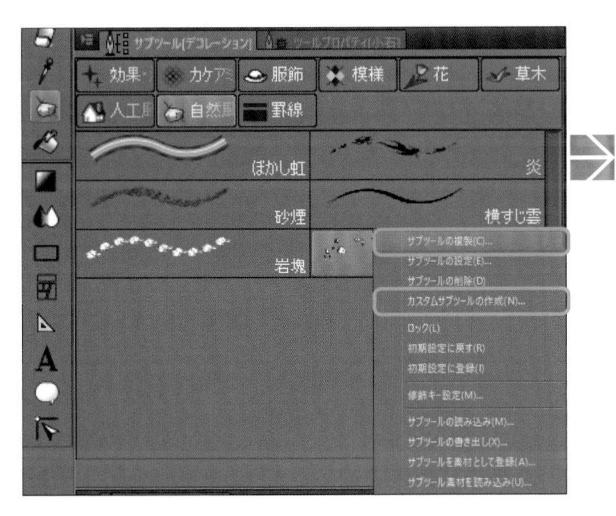

對［小石子］筆刷按滑鼠右鍵就會跳出選單，點選［複製輔助工具］。

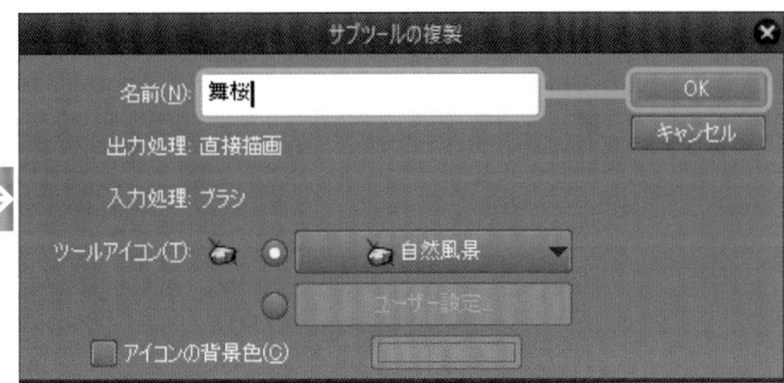

畫面會跳出［複製輔助工具］的視窗，為自創的裝飾筆刷取個名字，然後點擊OK。

不選擇［複製輔助工具］，選擇［建立自訂輔助工具］也可以從零開始製作自創筆刷，但需要調整許多參數來製作符合想像的筆刷，要花比較多的時間和心力。

光是複製效果類似的預設筆刷並更換前端圖像就可以輕鬆地做出效果十足的筆刷，所以我個人強烈建議各位使用複製&改造的方式。

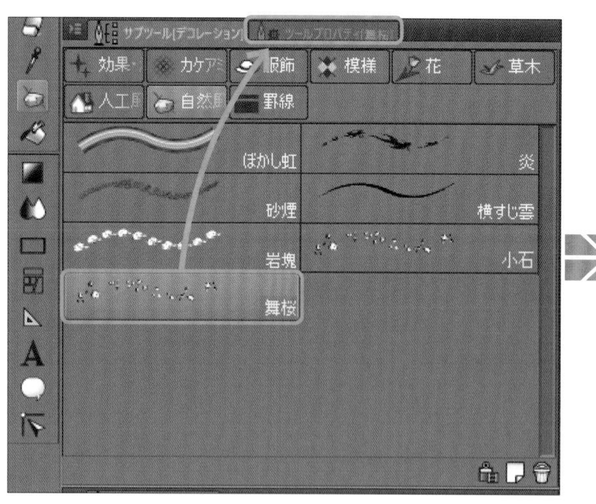

［舞櫻］筆刷已經登記為面板中的新筆刷。

只有筆刷名稱變成［舞櫻］，其中的設定當然還是和［小石子］筆刷相同。

這時請點擊［工具屬性］。

面板切換到［工具屬性］後，再點擊右下角的扳手造型圖示。

開啟［輔助工具詳細面板］，把筆刷前端更改為登記好的［花瓣］。

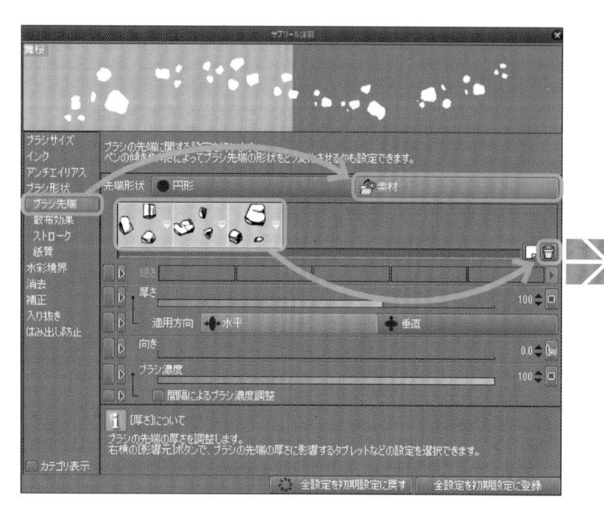

從［輔助工具詳細面板］選擇［筆刷前端］，對［素材標籤］點兩下就會顯示出［小石子］筆刷所使用的所有前端圖像。

按著［Shift］鍵把所有的前端圖像點選起來，再點右下角的［垃圾桶］圖示把它們刪除。

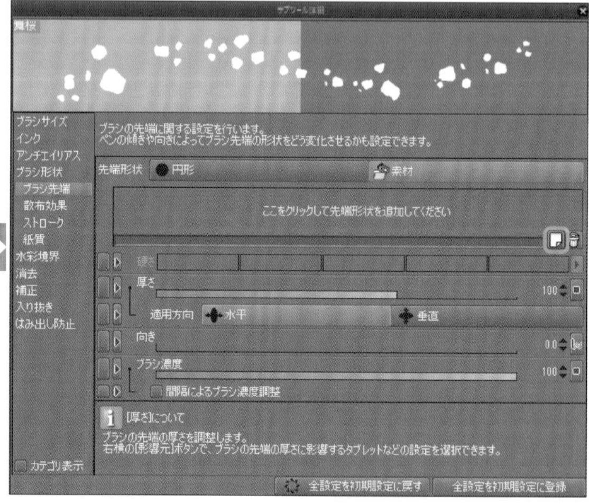

點擊［垃圾桶］圖示旁邊［右下角捲起的紙張］圖示，開啟［選擇筆刷前端形狀］的視窗。

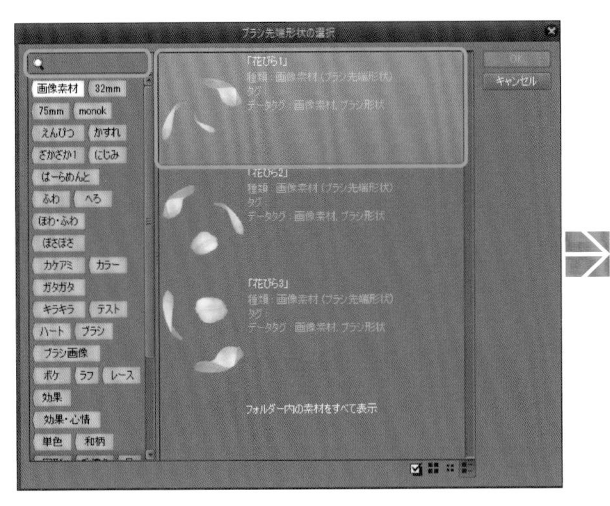

點擊左上角的放大鏡圖示，輸入前端圖像的一部分名稱（這裡是「花瓣）就會像上圖一樣顯示出相關素材圖像的縮圖。

點選圖像就會變色，按下［OK］就可以把它登記為筆刷前端。

※光是點兩下圖像有時候會無法登記，請特別注意。

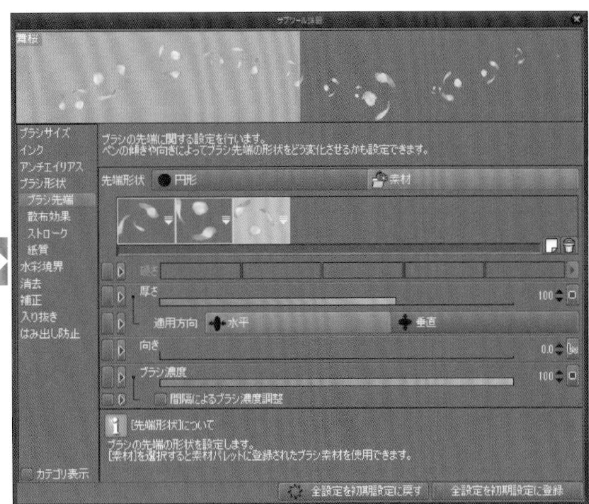

把登記為素材的3種［花瓣］都登記為筆刷前端圖像了。

點擊黃色線條框起來的各個圖示就會打開調整參數的各種視窗，可以進行筆刷形狀等細節的設定。

不過不習慣的話很難調整得盡如人意，所以我不會去改動任何預設的數值。

接著點擊左邊選單的［筆劃］，調整前端圖像顯示的間隔。

調整［間隔］的滑桿，視窗上方顯示的筆刷筆劃圖像也會同時改變，請把滑桿的位置調整到想要的間隔。

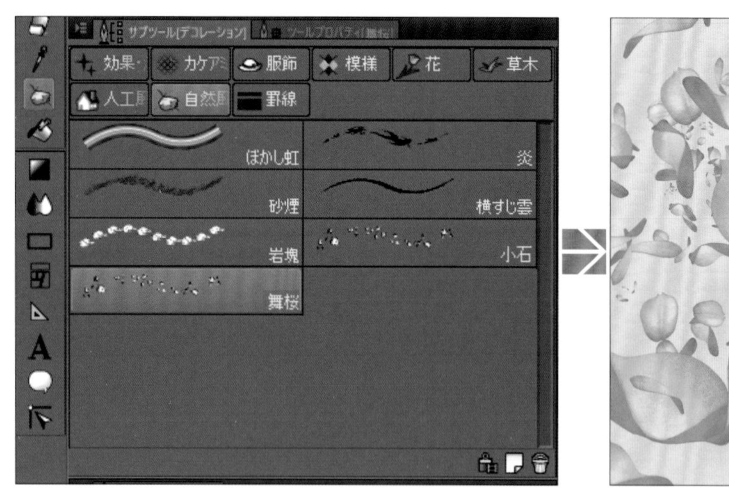

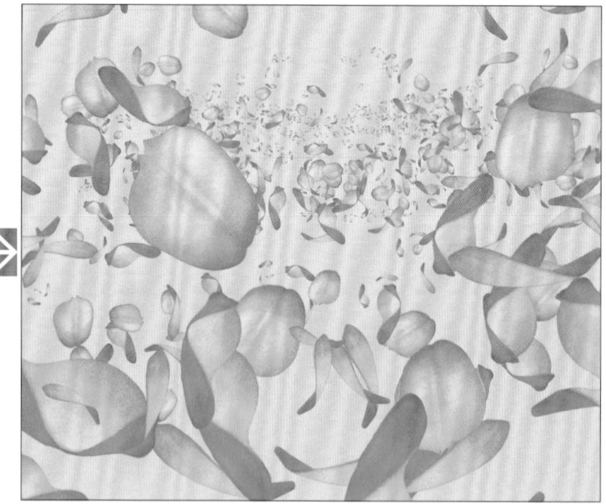

這麼一來筆刷的設定就完成了。

想要使用［舞櫻］筆刷的時候，點選［裝飾筆刷］圖示就可以隨時使用。

光是改變尺寸並在畫面上移動畫筆，就能畫出上圖般滿天飛舞的櫻花花瓣。

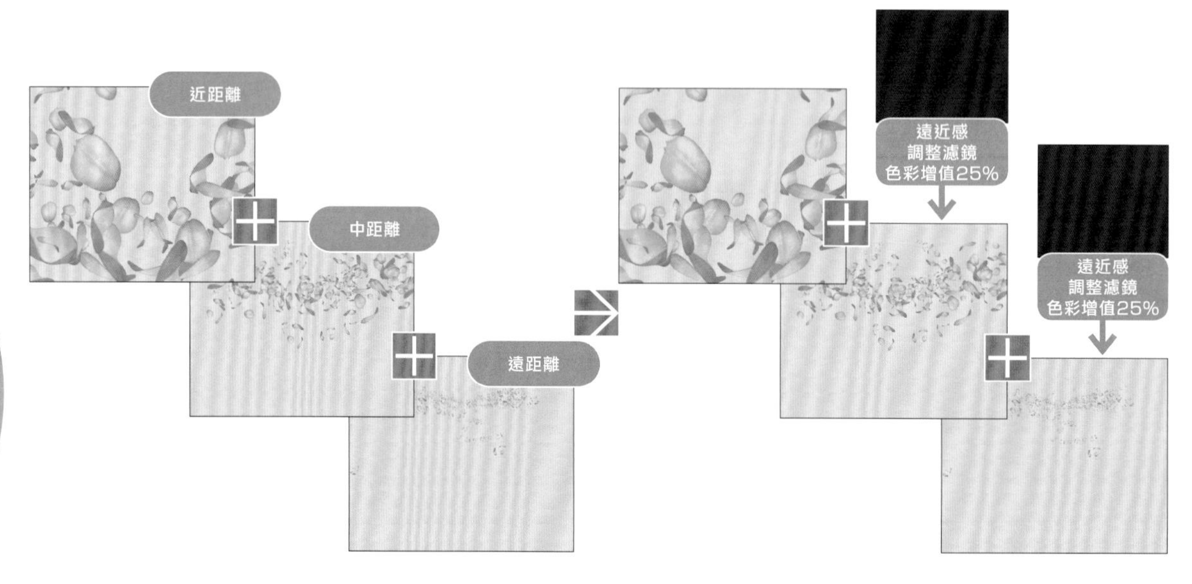

畫的時候並不是畫在同一個圖層上，而是區分成近距離、中距離、遠距離這3個階段，一邊調整筆刷的尺寸一邊描繪。

對中距離和遠距離加上色彩增值的調整濾鏡，就能以空氣遠近法的概念增強遠近感。

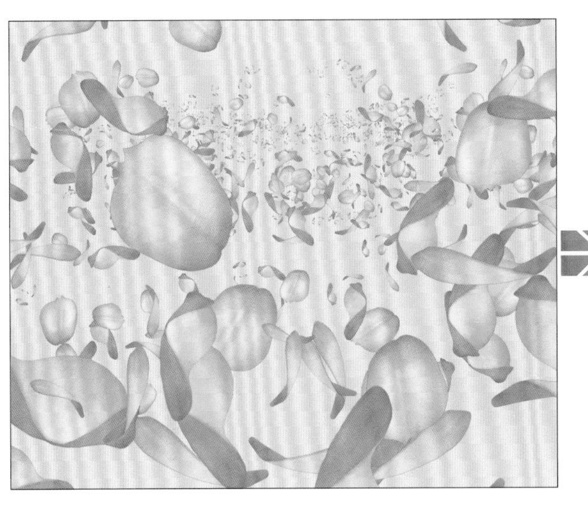

原本的狀態缺乏層次，好像少了些什麼……。

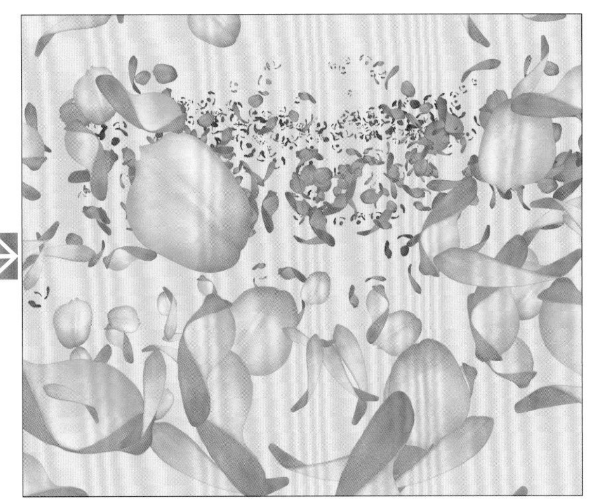

光是對區分成不同距離的圖層加上調整，就可以一口氣強調遠近感，提升完整度。

圖層結構如上圖。

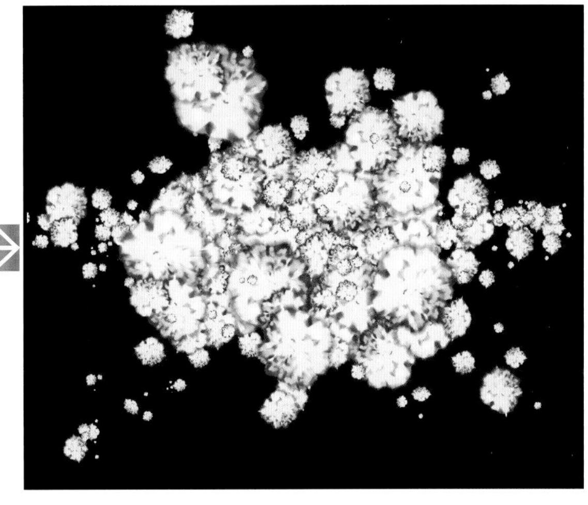

製作成裝飾筆刷的特效用途非常廣泛，建議大家可以製作看看。

索引

11～15畫

16～23畫

後記

各位覺得《CLIP STUDIO灰階畫法＆特效 完全繪製指南》怎麼樣呢？

雖然我會在專科學校擔任講師，但像這次一樣針對一種技法深入講解卻是第一次，可能還有許多不足之處，還請各位讀者見諒。

我平常的作品主要是出現在不常印刷出來的社群網路遊戲，所以這本書其實同時也是我天領寺セナ的第一本作品集……這麼想就讓我感到有些惶恐。

但願這本書能夠多少幫助到各位讀者。

天領寺セナ

作者簡介

天領寺セナ

插畫家。
目前主要活躍於社群網路遊戲的領域。
日本デザイナー学院　插畫繪製講座　講師
北海道芸術高等学校　插畫繪製講座　講師
https://www.pixiv.net/member.php?id=281760
https://www.lilium1029.com/

CLIP STUDIO灰階畫法&特效 完全繪製指南

2019年 7 月1日初版第一刷發行
2022年 3 月1日初版第四刷發行

作　　者　天領寺セナ
譯　　者　王怡山
編　　輯　邱千容
特約美編　黃盈捷
發 行 人　南部裕
發 行 所　台灣東販股份有限公司
　　　　　＜地址＞台北市南京東路4段130號2F-1
　　　　　＜電話＞(02)2577-8878
　　　　　＜傳真＞(02)2577-8896
　　　　　＜網址＞http://www.tohan.com.tw
郵撥帳號　1405049-4
法律顧問　蕭雄淋律師
總 經 銷　聯合發行股份有限公司
　　　　　＜電話＞(02)2917-8022

國家圖書館出版品預行編目(CIP)資料

CLIP STUDIO灰階畫法&特效完全繪製指南/
天領寺セナ著；王怡山譯. -- 初版. --
臺北市：臺灣東販, 2019.07
192面；19×25.7公分
ISBN 978-986-511-050-5(平裝)

1.電腦繪圖 2.電腦軟體

312.866　　108008731